Webデザイン必携。

プロにまなぶ現場の制作ルール84

北村 崇、浅野 桜 共著

エムディエヌコーポレーション

はじめに

「ちょっとこのデータ見てくれませんか？」

ある日、エンジニアの友人からそう告げられた筆者は、デザインデータを受け取って開いてみました。そのデザイナーとしての技量から、おそらく10年～20年は経験を積んでいる方のデータと見受けられます。綺麗に整ったレイアウト、コンセプトを感じる色使い、細部にこだわった背景画像など、見た目としての装飾は申し分ありません。ですが、それだけでした。

そのデータは、Webという独特のルールや技術をまったくと言っていいほど考慮していません。小さすぎてタップできないボタン、ページごとにサイズもマージンも違うレイアウト、規則性のないランダムなサイズに指定されている画像、「レイヤー1のコピーのコピー…」と名付けられたままのレイヤー群。さすがに筆者も「これは無理でしょ」と即答し、友人とどう直すかの話をしました。

――これは、ちょっとしたたとえ話です。しかしこの「Webデザインデータあるある」は、決して誇張でも、珍しい話でもありません。実際、コーディングや構築などの依頼受けてやって来たデザインデータには、ファイルを開いた瞬間に思わずのけぞってしまうものもあります。そんなデザインデータに日々ため息をついているエンジニアさんも、ひとりやふたりではないことでしょう。

本書の企画は、そんな現場で行われるデザイナーとエンジニアとのやり取りをできる限り円滑にしたい、という筆者の願いからスタートしました。Webデザインならではのデータ作りの基本ルールとポイント、やりがちだけれどやってはいけない例、さらにはその対応方法の紹介など、Webデザインに携わるうえで知っておかなければならない知識をひと通り詰め込んだ、密度の高い書籍に仕上がったと自負しています。

Webデザイナーを目指すみなさんが、「文句のつけようのないデザインデータだ」と現場の人たちに太鼓判を押してもらえる本物のプロになるために、本書が少しでもお役に立てば幸いです。

最後に、本書の執筆にご協力いただきました村上良日さん、箱石奈津美さん、牧野由紀子さん、編集に尽力していただいた小関匡さん、そして本書を手に取っていただきましたみなさんに、心より感謝を申し上げます。

2016年2月　北村崇、浅野桜

CONTENTS

本書の使い方 …… P 008

INTRODUCTION

Webサイトをデザインするということ

001 Web制作を取り巻く環境・トレンド・ニーズの変化を知る …… P 010
002 平面における"Webデザイン"の独自性を理解しよう …… P 012
003 マークアップの技術とデザインツールの選択肢を知ろう …… P 014
004 環境の変化と連動して進化し続けるWeb制作のワークフローを意識しよう …… P 018

CHAPTER 1

Webデザインの基本的なルール

005 ボタンのサイズが小さすぎると使えない …… P 022
006 これからのPCサイトはタップ対応を視野に入れる …… P 024
007 Webデザインの単位は印刷物とは違う …… P 026
008 Webの色表現のしくみをきちんと踏まえる …… P 028
009 リキッド画像は縮んだりズレたりして表示される …… P 030
010 Webサイトをデザインするときの推奨サイズは？ …… P 032
011 PCやスマートフォンの解像度対応 …… P 034
012 FacebookやTwitterと連係させるには …… P 036
013 グリッドシステムを利用して計画的なレイアウトを行う …… P 038
014 明朝体でWebデザインはダメ？ …… P 040
015 Webで表示されるフォントは環境で変化する …… P 042
016 テキストの太字や斜体指定には書式設定を使わない …… P 044
017 Webフォントってなに？ …… P 046
018 10ピクセル以下の文字サイズは指定に注意が必要 …… P 048
019 タイポグラフィへのこだわりはどこまでできる？ …… P 050
020 ロイヤリティーフリーの画像は本当に"フリー"？ …… P 052
021 CSSで表現できる範囲を踏まえてデザインしよう …… P 054
022 ロールオーバーやデバイステキストはレイヤーで管理しよう …… P 056

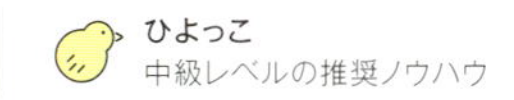

独り立ち
上級レベルの現場知識

023 レスポンシブ Webデザインの基本を知ろう …… P 058
024 基本の文章構造にあわせた設計をする …… P 060
025 簡単なアイコンにはWebアイコンフォントが使える …… P 062
026 スマートフォンの向きで起こる問題に注意する …… P 066
027 対象の端末・OS・ブラウザを決めておく …… P 068
028 スマートフォンのピンチ操作に注意 …… P 070
029 title要素・meta要素・alt属性に設定する情報も検討しよう …… P 072
030 そのデザインは見えないかも？ Webデザインのアクセシビリティ …… P 074

CHAPTER 2

コーディングに困るデザインデータとは

031 ページごとに見出しデザインが違う？ Webデザインはパターン化が大切 …… P 080
032 改行したら崩れた！ Webデザインは固定で考えない …… P 082
033 0.5ピクセルのバグ!スマートフォンデザインは偶数が基本 …… P 084
034 フリーハンドの拡大縮小によって招くサイズの小数点問題 …… P 086
035 ワンカラムによくあるリピート画像や繰り返すパーツの準備 …… P 088
036 同じに見えるけど左右でグラデーションの範囲が違う …… P 090
037 無駄なガイドが多すぎる！ …… P 092
038 Photoshop のラスタライズとIllustrator のアウトライン化 …… P 096
039 Photoshop のスマートオブジェクトは乱用しない …… P 098
040 レイヤーが結合されてしまうと対処できない …… P 100
041 レイヤースタイルやアピアランスの複数掛けで数値の把握が困難 …… P 102
042 本文のテキストエリア、字切り（改行）は大丈夫？ …… P 104
043 意図を持たない“ 謎の余白 ”がコーディングを複雑にする …… P 106
044 いつまでも捨てられないレイヤー・レイヤースタイル・フィルター …… P 108
045 CMSなどで動的に変化するコンテンツに対応できるデザイン …… P 110
046 パララックスなどの動きのあるデザインの伝え方 …… P 112

CHAPTER 3

わかりやすい納品データの作り方

047 要素のサイズはデザインと一緒に決定しよう P 116
048 修正点がハッキリしているデータは"間違い探し"が不要になる P 118
049 デザインデータ以外にも、添え書きや注釈で詳細に指示 P 120
050 デバイステキストの特性を理解して活用しよう P 122
051 ファビコン・アプリアイコン・OGP画像の準備は万全？ P 124
052 共通部分の"どこが最新か"がわかるデータに P 126
053 検索を前提にしてレイヤーを命名する P 128
054 カンプ外の指定ではHTMLエレメント一覧を用意する P 130

CHAPTER 4

Photoshopの上手な使い方

055 デザインする前にPhotoshopの単位を揃えよう P 136
056 カラーモードとカラープロファイルに注意する P 138
057 色をきちんと管理してシステマティックなコードを実現 P 140
058 レイヤーパネルの"汚い洋服ダンス"化から卒業しよう P 142
059 レイヤーの構造は後作業の効率を考えて整理する P 144
060 特定の状態用のデータは"状態ごと"に非表示でまとめる P 146
061 Webデザインの基本はシェイプ P 148
062 シェイプで角丸を使う場合はライブシェイプで P 150
063 サイズが微妙にあわない？ シェイプの"線"の設定に注意する P 152
064 シェイプの"エッジの整列"を忘れるとオブジェクトがボケる P 154
065 手作業で設定するより"文字／段落スタイル"を活用 P 156
066 便利なレイヤースタイルだが色の使い方には要注意 P 158
067 スマートオブジェクトで手戻りと修正に強くなろう P 160
068 色々使えるスマートオブジェクト P 162

069 様々な“画像書き出し”をケースバイケースで駆使しよう …… P 164
070 “画像アセット(生成)”による書き出し …… P 166
071 “スライス”&“Web用に保存”による書き出し …… P 168
072 コーディングの助けになるPhotoshopの“CSSのコピー” …… P 170
073 PhotoshopCCの新機能“アートボード”を知ろう …… P 172
074 “スマートオブジェクト”と“アートボード”で手早くバナー作成 …… P 176

CHAPTER 5

Illustratorの上手な使い方

075 IllustratorをWebデザイン用の設定にする …… P 182
076 デザインで使用する色はスウォッチで管理する …… P 184
077 欧文フォントと和文フォントを合成フォントで組み合わせる …… P 186
078 オリジナル Webフォント・アイコンフォントを作る …… P 188
079 Illustratorでも使える文字/段落スタイル機能 …… P 192
080 角丸にはあとから半径がわかる機能を利用する …… P 196
081 線の指定でひと工夫。1ピクセルの線を描くコツ …… P 198
082 シンボルを使ってアイコンや素材を一元管理する …… P 202
083 素材の共有に便利なライブラリ機能 …… P 206
084 IllustratorのCSSプロパティパネルで簡単 CSS指定 …… P 212

APPENDIX

コーディング用デザインマニュアル …… P 214
Photoshop&IllustratorにおけるWeb用機能の対応バージョン …… P 217
画像アセットのレイヤー名のルール …… P 218
Webデザインデータチェックシート …… P 219

INDEX …… P 220

本書の使い方

本書はデザイナーとしてWebデザインに携わるうえでの必須知識を、基本的な考え方から正しいデータの作り方、コーディング担当者に納品する際の注意点、アプリケーションの操作方法といった様々な側面から解説しています。

[本書の紙面構成]

POINT トピックの解説のなかでとくに理解しておきたいポイントを3点に絞って紹介しています。

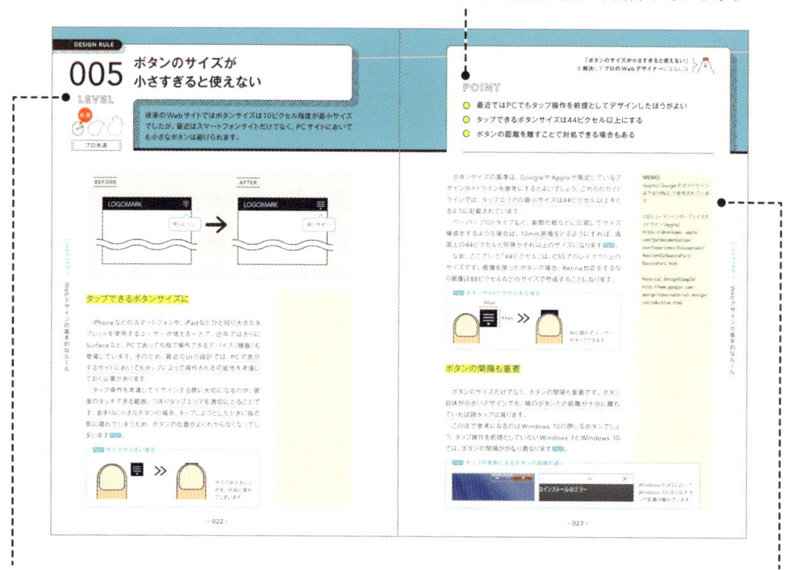

LEVEL
トピックの内容のレベルを3段階で示しています。

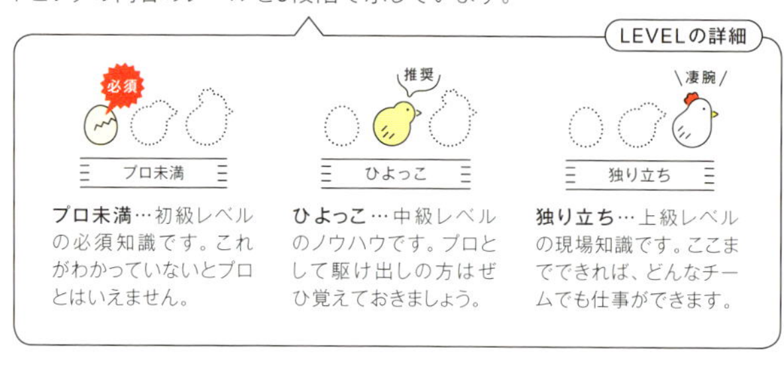

LEVELの詳細
必須
プロ未満
推奨
ひよっこ
凄腕
独り立ち
プロ未満…初級レベルの必須知識です。これがわかっていないとプロとはいえません。
ひよっこ…中級レベルのノウハウです。プロとして駆け出しの方はぜひ覚えておきましょう。
独り立ち…上級レベルの現場知識です。ここまでできれば、どんなチームでも仕事ができます。

MEMO・用語・注意など
本文解説の補足や用語の説明、注意点などを示しています。

[Photoshop／Illustratorの操作解説について]

- 本書に掲載されている操作画面はMac版のPhotoshop CC2015、Illustrator CC2015のものです。本書の解説はPhotoshop CS6以降に対応しています
- Mac版とWindows版でメニュー名などが異なる場合は、Windows版に対応した記述を〔 〕内に表記しています

※ 本書に掲載されている情報は、2016年2月現在のものです。以降の技術仕様の変更等により、記載されている内容が実際と異なる場合があります。あらかじめご了承ください。

INTRODUCTION

Webサイトを
デザインするということ

Webデザインをはじめたいけど、そもそもどう考えたらいいかわからない。そんなデザイン初心者さんや、グラフィックデザイナーさんも多いかも知れません。この章では、今のWebデザインの潮流や何を目標にしていけばよいかを、少しだけご紹介していきます。

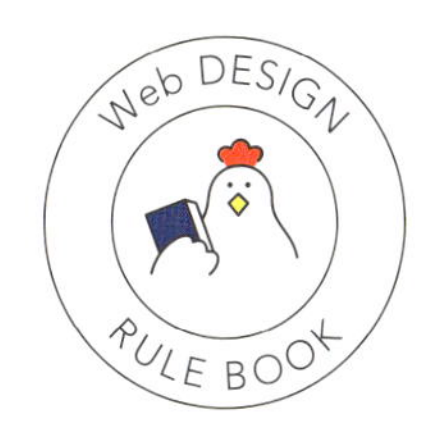

DESIGN RULE

001 Web制作を取り巻く環境・トレンド・ニーズの変化を知る

LEVEL

プロ未満

技術や環境、トレンドなど、変化の移り変わりが激しいWebデザイン。現在の傾向とその理由を理解することもWebデザイナーには求められます。新しい情報を知るための嗅覚を養いましょう。

Webサイトのアプリ化とユーザーが求める情報の変化

スマートフォンの普及により、昨今のWebサイトはアプリ化に向かっていると言えるでしょう。

これまでの Webサイトは、サービス案内や発信される情報を「サイトを開いて自ら見に行く」というかたち、つまりユーザーからのアクションを中心とした一方通行の情報掲載でした。

しかし、スマートフォンが普及した現在では、ユーザーは運営からの通知や位置情報など、環境に応じた情報の提供を求めるようになりつつあります。また運営側も、閲覧するユーザーの興味や関心がある情報を優先的に表示することで、「欲しい人に欲しい情報を与える」ようになっています。今後、この傾向はさらに強まり、Webサイトは本格的なネイティブアプリのような機能が求められるようになるでしょう。

そしてデザイナーには、変化のない静的サイトではなく、アクセスするたびに情報が変化する動的サイトでもデザイン性が保たれるような、汎用性の高いデザインを求められるようになります。

MEMO
動的サイトとは、CMSなどでは「ユーザーからのリクエストに対して、データを作って表示するサイト」のことを指しますが、本書では「内容やデザインが変化するサイト」を総じて動的サイトとして記載するようにしています。

Webサイトのアプリ化

POINT

- Webサイトのアプリ化とユーザーが求める情報の変化を踏まえる
- 取り巻く閲覧環境&制作環境は常に進化している
- 効果的なWeb業界の情報収集方法を知っておく

デザイナーは閲覧環境や制作環境の変化に敏感に

制作環境の変化が目まぐるしく変化するWeb業界。そのような変化にも楽しんで対応できることが、デザイナーにとっての成長の鍵となるでしょう。アプリケーションの便利な最新機能や、デザインやマークアップに関するトレンド、プロジェクト管理、デバイスのシェアなど、日頃から動向を注視しておくようにしましょう。

Web界隈の情報収集方法

Web業界では、最新技術やデザインに関する情報を、いかに効果的に収集するかがとても大切です。本書のような書籍を読んで学ぶのも方法のひとつですが、日常的にFacebookやTwitter、PinterestなどのSNSやニュースサイトをチェックしたり、セミナーイベントに参加するのもよいでしょう。近年ではデザイナー視点のイベントも多く、気軽に参加することができます。また、日本の情報だけでなく、海外サイトの情報を収集して、今後のトレンドにいち早く対応できる環境を作っておきましょう。

あらゆる手段で情報収集を

海外の情報
勉強会
書籍
ニュースサイト
SNS
Program
Design
Markup
System

002 平面における“Webデザイン”の独自性を理解しよう

LEVEL

プロ未満

同じ平面デザインでも、紙とWebでは異なる点が数多く存在します。ユーザーが操作することが前提のWebデザインでは、単なる見た目のデザインではなく、ユーザー・インターフェース(UI)としての意識が重要です。

印刷物とは違う Webデザインの難しさと面白さ

印刷物とWebでは色々な点が異なります。デザインする上での違いを挙げるなら、「縦横に可変」である、という点です。

特に現在では、PCモニター、タブレット、スマートフォンなど、多種多様な出力デバイスの“幅”を想定することが求められます。またWebでは、「横(幅)」については画面比率の関係もあり制約が存在することもありますが、縦(垂直方向)に関しては比較的自由です。紙では限られた紙面に情報を収めることに苦労しますが、Webでは無理に収めるよりも縦を伸ばす方向で検討する方がよいでしょう。

このように、Webには独特の「可変的制約」がある一方で、その礎には紙のグラフィックデザインと同様にグリッドレイアウトが存在します。Webならではの最新の表現と、平面デザインの基礎であるグリッドデザインとが共生しているのも、Webデザインの奥深さであり、発展性や面白さを感じるポイントです。

MEMO
基本、Webではピクセルを単位として使用しますが、場合によっては%で考えることも必要になります。

MEMO
付け加えれば、印刷においても、作業過程がずさんなデータは出力トラブルや印刷事故になりやすいものです。使用する媒体を問わず日頃のデータ整理が重要です。

紙とWebの違い

決められたスペースに収めることが必要な紙のグラフィック(左)と、垂直(縦)方向には比較的自由なデザインが可能なWebデザイン(右)

POINT

- Webデザインの「横（幅）」と「縦（高さ）」2つの可変を意識する
- 現在はUI/UXへのデザイン意識の転換期にあたる
- Webデザインは見た目はもちろんUIなどの操作性を重視しよう

UI/UXへのデザイン意識の転換期

登場した当初のWebサイトは、印刷物の代わりに会社案内などの「情報を掲載しておく場所」としての役割が主であり、そこにユーザーという概念はほとんど存在しませんでした。

しかし、技術の進歩によりWebにおける表現が広がり、スマートフォンの利用率も高まったことで、コンテンツの閲覧やショッピングなど、特定の目的を持った個人ユーザーが様々な環境でアクセスする機会が増えてきました。

そのようなユーザーの変化には、以前のように「ただ単純に情報を載せているだけの画面」では対応できません。そこで近年では、操作性を中心としたUI（ユーザー・インターフェース）や、ユーザーの感じる価値や満足感など体験を考慮するUX（ユーザー・エクスペリエンス）が、あらためて注目されるようになっています。

言葉だけで見ると難しく捉えられがちかもしれません。しかしデザインの基本は、「使う人のことを考える」ことです。それは紙でもWebでも、そして時代が変わっても同じです。むしろ、技術が進歩した今だからこそ、よりユーザー視点のデザインが重要になったとも言えるでしょう。

UIとUX

003 マークアップの技術とデザインツールの選択肢を知ろう

LEVEL

プロ未満

デザインは、マークアップを行って初めてWebサイトとして機能します。最新のマークアップを意識したデザインと、適切なデザインツールの選択は、プロのデザイナーとして大切なマナーのひとつです。

システマティックな文書構造が重要なHTML、リッチな表現が可能になったCSSとJavaScrip

Webページを表示するために欠かせないものがマークアップに関する技術です。その代表的なものが、「文書構造を示すHTML」、「HTMLをデザイン・装飾するCSS」、そして「Webサイトのダイナミックなアクションを支援するJavaScript」の3つです。

1989年にスイスでHTMLが誕生して以降、この3つの技術は様々な進化を遂げてきました。現在はOSやブラウザの発達にともない、HTMLはユーザーエージェントに対してわかりやすくよりシステマティックな文書構造を示すことに徹し、それをCSSやJavaScriptによってリッチなデザインに魅せる、という役割分担がスタンダードになっています。

数年前までは、HTMLで<img="button.gif" alt="ご注文ボタン ">として画像で表現していたボタンなども、HTMLとCSSのみで表現が可能となりました。これによって、これまで画像ファイルのピクセルや解像度に依存していたボタンの表現が、閲覧者それぞれの環境や解像度に適した表現もできるようになりました。

このような現状を踏まえて、今日のHTMLでの文書構造や、CSSでの表現範囲を意識したWebデザインを行いましょう。

JavaScriptで表現できる範囲はデザインデータだけでは表現しづらい部分もあります。デザイナー以外がJavaScriptを書くのであれば、後工程での作業を考慮し、具体的な動作イメージと指示が必要になるでしょう。

用語
[ユーザーエージェント] 個々のユーザーが持つブラウザや環境などの設定を、Webサイト側に知らせるプログラムのこと。

POINT

- システマティックな文章構造が求められるHTML
- 豊かな表現が可能となったCSSとJavaScript
- デザインツール（アプリケーション）の選択肢を知ろう

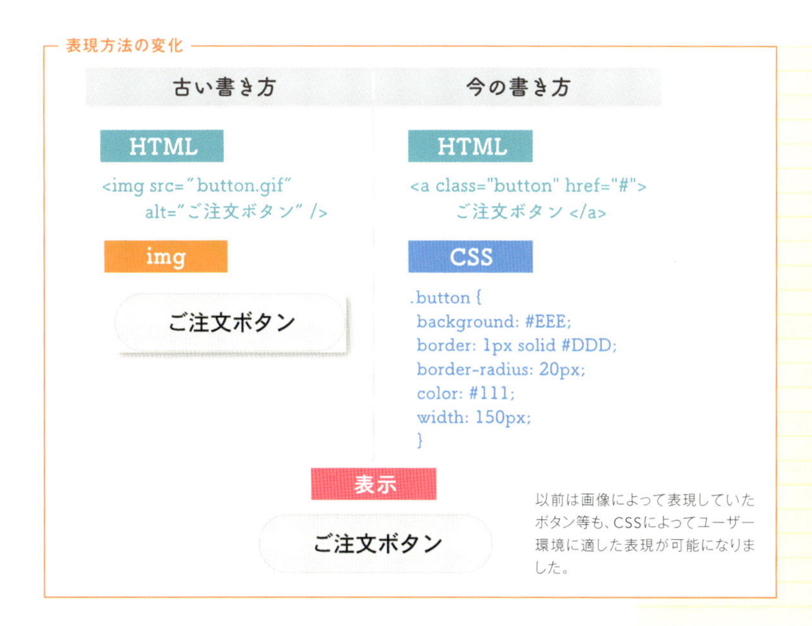

表現方法の変化
古い書き方
今の書き方
HTML
<img src="button.gif"
alt="ご注文ボタン" />
img
ご注文ボタン
HTML
<a class="button" href="#">
ご注文ボタン </a>
CSS
.button {
background: #EEE;
border: 1px solid #DDD;
border-radius: 20px;
color: #111;
width: 150px;
}
表示
ご注文ボタン
以前は画像によって表現していたボタン等も、CSSによってユーザー環境に適した表現が可能になりました。

デザインツールは何を選ぶ？

Webデザインを進めるためには必須とも言えるデザインツール。デザイナー御用達のAdobe製品以外にも、昨今は様々な種類のものがリリースされています。これらのツールに絶対的な正解はありません。ただ、素材作りにはPhotoshopとIllustratorを利用するケースが多いため、Webデザインでも両者を使用するユーザーが多いようです。

なお、チームで仕事をする際には、アプリケーションの種類やバージョンをあわせるのが前提になります。また、PhotoshopとIllustratorはWeb専用ではないので、あらかじめWeb用の設定が必要になります。

MEMO

Adobe製品はCS6以降よりWeb向けの機能が強化されています。現行のCreative Cloudでは、さらにそれが顕著となっています。詳しくはP217を参照してください。

デザインツールの選択肢

具体的なデザインツールの特徴について、多くのWebデザイナーが利用しているAdobe製品を中心に紹介します。

Adobe Photoshop

写真などの補正や合成など「ラスターデータ」に強いアプリケーションの代表格です。写真やグラフィックデザインのみならず、イラストレーションや映像や3Dなど、幅広い用途に対応する多くの機能を備える一方で、近年はWebやアプリなどのデジタルデバイス系のデザイン機能の充実に力を入れています。

Photoshopにおけるラスターデータ

Adobe Illustrator

ロゴやイラストなど「ベクターデータ」の作成のほか、チラシなどのレイアウトに強く、特にDTPの現場では必須のアプリケーションです。文字周りの機能も充実しており、合成フォントなど、現行のPhotoshopには搭載されていない機能も備えています。

Illustratorにおけるベクターデータ

用語
[ラスターデータ(ビットマップデータ)] ピクセルの集合体で構成されているデータ。.jpgなどをはじめとしたいわゆる一般的な「画像」はこの形式。解像度(面積あたりにいくつのピクセル(ドット)があるか)により画質が決定され、ピクセルが少ない場合画質が低下します。

MEMO
[ベクターデータ(ドローデータ)] コンピューター上で座標として位置を定義する「ベジェ曲線」によりオブジェクトを描画するデータ形式。ラスターデータと異なり、解像度に依存しないので、拡大・縮小の多いロゴマークなどの作成に必須です。

そのほかのデザインツール

Web専用のツールとしては、同じくAdobe社のFireworksがあります。Webデザインのみに機能を絞っているので便利でしたが、残念ながらCS6で開発が終了しています。

Adobe社製品以外では、近年、Bohemian Coding社の「Sketch」が注目されています。書き出しオプションの豊富さや、Adobe製品のサブスクリプション（年間契約）と比べると割安な費用感が好評です。起動も早く、デジタルデバイス用のデザイン制作に特化しているので、たとえばUI kitを呼び出してスピーディーにモック（ダミー）を作れるのが魅力です。GoogleやAppleをはじめとした企業でも採用されている新進気鋭のアプリケーションですが、一方で日本語での情報量はAdobe製品に比べるとまだまだ少ないのが現状です。

MEMO
チームで作業している場合は「自分以外でもそのデータを修正・更新できるか?」を考えてアプリケーションを選ぶとよいでしょう。

Sketch

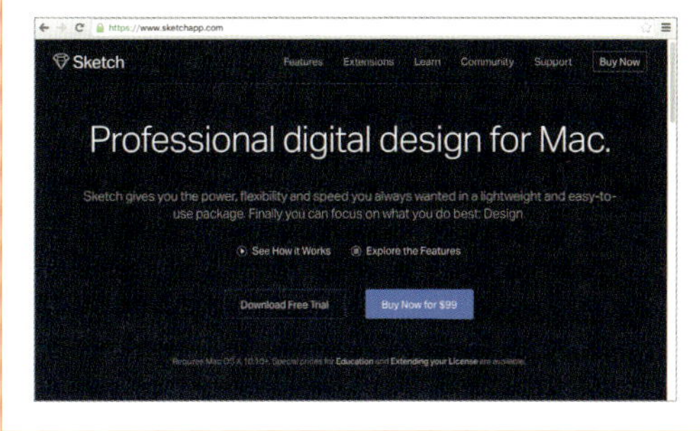

Sketch
https://www.sketchapp.com/
海外を中心に利用が広がっています。難点は日本語の情報が少ないことと、Mac版のみであることです。

Sketchの画面

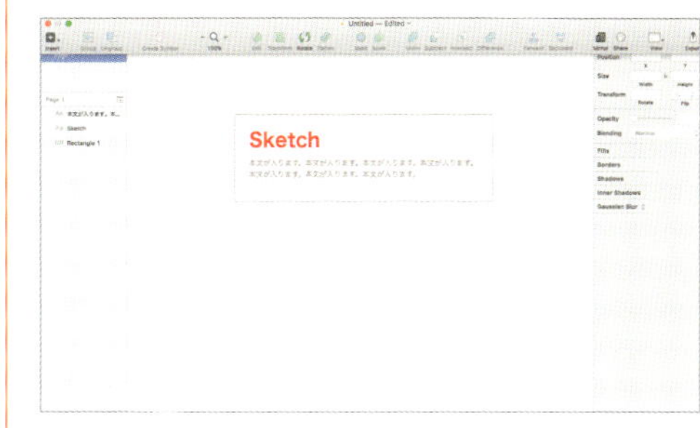

Photoshopの画面と比較すると、Webデザインに特化しているため機能が絞り込まれています。

DESIGN RULE

004 環境の変化と連動して進化し続けるWeb制作のワークフローを意識しよう

LEVEL

プロ未満

近年、多様化が進むWeb制作のワークフロー。より効率よく作業を進めるためには、たとえデザインに重きをおいているデザイナーであっても、マークアップ工程を理解するのが必須条件となりつつあります。

CSSフレームワークの台頭

閲覧環境の多様化に伴い、そのワークフローも多様化しています。従来のWeb制作であれば、PC用に1枚のデザインカンプを用意して、それに沿ってマークアップするのが鉄則でした。現在でもそのようなフローを採用する場合もありますが、その一方で、デバイスごとにカンプを作成するのではなく、ブラウザの中でマークアップを行いながらWebサイトを制作していく、「インブラウザ・デザイン」と呼ばれる開発フローも注目を集めています。さらに、Twitter社の「Bootstrap（ブートストラップ）」をはじめとしたCSSフレームワークの台頭により、以前のようなデザインカンプありきのワークフローは、今では絶対ではなくなりました。

Bootstrap（http://getbootstrap.com/）

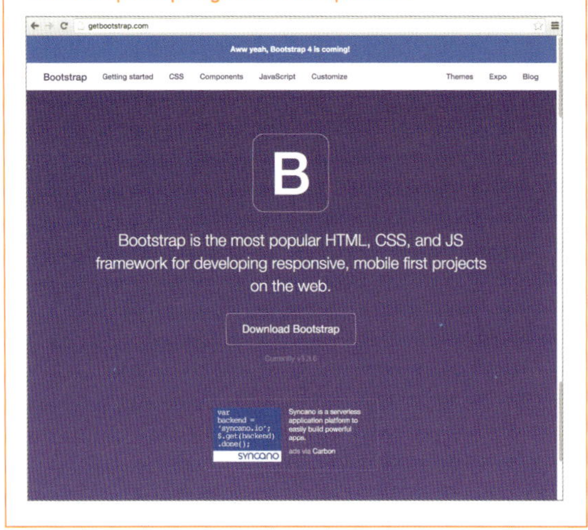

MEMO
インブラウザ・デザインについてはP078でも紹介しています。

MEMO
その他の代表的なCSSフレームワークには下記のようなものがあります。

Foundation
http://foundation.zurb.com/

Material UI
http://callemall.github.io/material-ui/#/

Pure
http://purecss.io/

Skeleton
http://getskeleton.com/

Uikit
http://getuikit.com/

用語
[デザインカンプ] デザインデータとして完成した、コーディング前のデザインのこと。グラフィックデザインにおいてラフの状態をあらわす「（ラフ）カンプ」とは異なります。

POINT

- ワークフローは技術の変遷に応じて変わっていく
- Webサイトは必ずマークアップの工程を経る
- デザイナーに求められる技術と知識の範囲も変化する

CSSフレームワークはグリッドをはじめとしたレイアウトのためのパーツがはじめからclassとして用意されており、これに則ってレイアウトが可能です。多くはレスポンシブWebデザインにも対応しているので、フローの簡略化が期待できます。

Bootstrapを用いたWeb制作画面

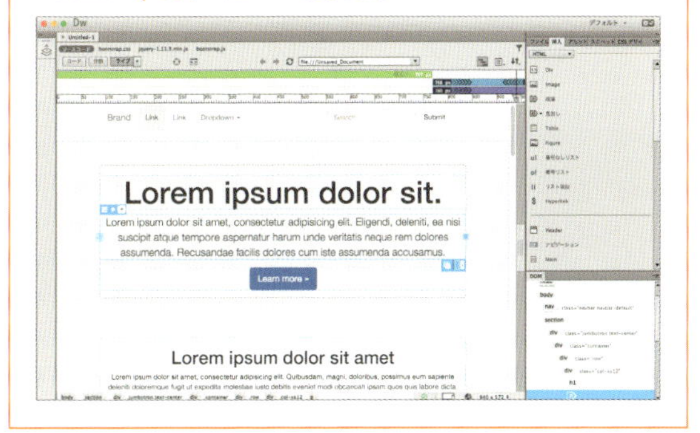

マークアップ工程の重要性

レイアウトのパーツがある程度準備されているCSSフレームワークですが、それを使用する場合でも、どこに何をどう置くか、というデザインの肝を決めるのはやはりデザイナーです。そこで特に重要になってくるのが、デザイナーのマークアップへの理解力です。手を動かしてマークアップも行う方はもちろんのこと、ふだんは直接マークアップをしない方も、仕組みをしっかりと理解していれば、表現や作業工程の改善が期待できます。

「Webデザイナー」の業務範囲

現在では、マークアップやその構築手法まで視野に入っていてこそ、「Webデザイナー」であると言ってもよいでしょう。Illustratorで作った印刷物のデータを少し改良しただけでは、Webページをプリントしたときにきれいだったとしても、Webデザインとして十分とは言えません。前提条件や目的にあわせたワークフローを選択し、必要に応じて既存の仕組みを活用しながら最適なデザインを提供するのが、現在求められている「Webデザイナー」です。

Webデザイナーの業務範囲

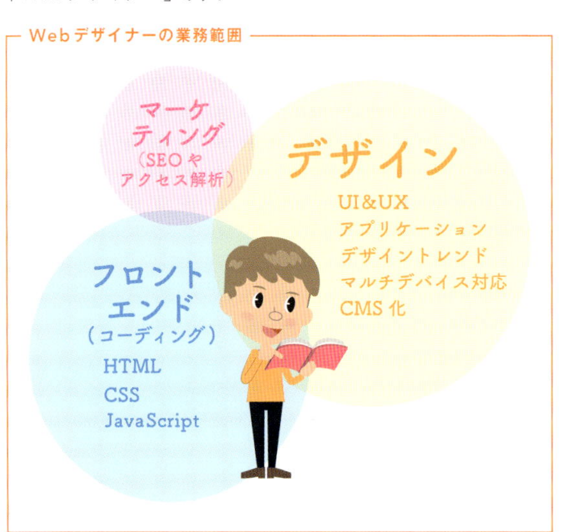

COLUMN 新機能と対応バージョン

AdobeのPhotoshopとIllustratorは、特にバージョンのCS6以降になって追加されたWeb向けの機能が数多く存在します。その代表的なものと、本書において紹介しているページについては、巻末のP217にまとめてあるので参考にしてください。

CHAPTER

1

Webデザインの基本的なルール

Webデザインはユーザーの環境に依存する部分が大きく、デザインを進めるにあたっていくつかのルールや気をつけておきたいポイントがあります。この章では、最低限押さえておきたいWebデザインの基礎知識を紹介していきます。

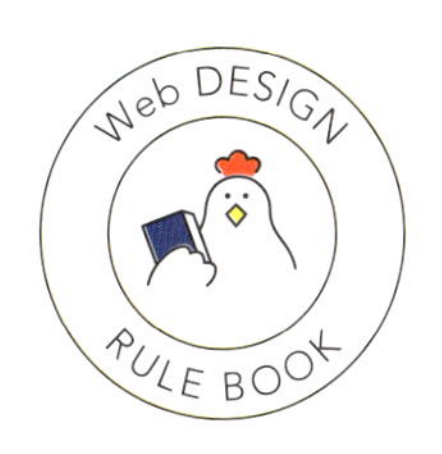

DESIGN RULE

005 ボタンのサイズが小さすぎると使えない

LEVEL

プロ未満

従来のWebサイトではボタンサイズは10ピクセル程度が最小サイズでしたが、最近はスマートフォンサイトだけでなく、PCサイトにおいても小さなボタンは避けられます。

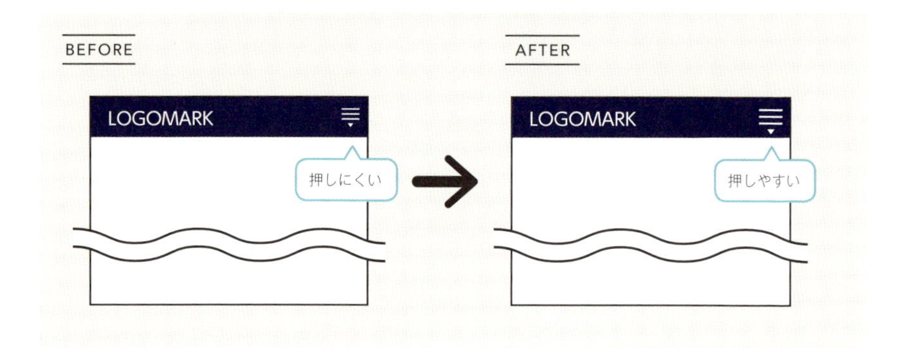

タップできるボタンサイズに

iPhoneなどのスマートフォンや、iPadなどひと回り大きなタブレットを使用するユーザーが増える一方で、近年ではさらにSurfaceなど、PCであっても指で操作できるデバイス（機器）も登場しています。そのため、最近のUIの設計では、PCで表示するサイトにおいてもタップによって操作される可能性を考慮しておく必要があります。

タップ操作を考慮してデザインする際に大切になるのが、画面のタッチできる範囲、つまりタップエリアを適切にとることです。あまりに小さなボタンの場合、タップしようとしたときに指の影に隠れてしまうため、ボタンの位置がよくわからなくなってしまいます Fig1。

Fig1 サイズが小さい場合

サイズが小さいとボタンが指に隠れてしまいます。

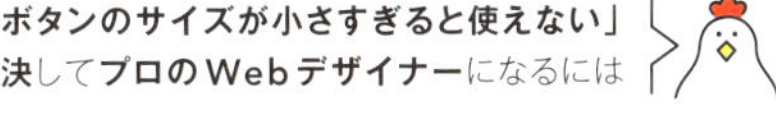

POINT

- 最近ではPCでもタップ操作を前提としてデザインしたほうがよい
- タップできるボタンサイズは44ピクセル以上にする
- ボタンの距離を離すことで対処できる場合もある

ボタンサイズの基準は、GoogleやAppleが策定しているデザインガイドラインを参考にするとよいでしょう。これらのガイドラインでは、タップエリアの最小サイズは44ピクセル以上をとるように記載されています。

ペーパープロトタイプなど、実際の紙などに印刷してサイズ確認をするような場合は、10mm前後をとるようにすれば、画面上の44ピクセルと同等かそれ以上のサイズになります Fig2 。

なお、ここでいう「44ピクセル」は、CSSでのレイアウト上のサイズです。画像を使ったボタンの場合、Retina対応をするなら画像は88ピクセルなどのサイズで作成することになります。

Fig2 ボタンが44ピクセルある場合

指に隠れずユーザーがタップできます。

> MEMO
> AppleとGoogleのガイドラインは下記URLにて提供されています。
>
> iOSヒューマンインターフェイスガイドライン(Apple)
> https://developer.apple.com/jp/documentation/UserExperience/Conceptual/MobileHIG/BasicsPart/BasicsPart.html
>
> Material Design(Google)
> http://www.google.com/design/spec/material-design/introduction.html

> MEMO
> CSSでのレイアウトサイズについてはP033でも触れています。

ボタンの間隔も重要

ボタンのサイズだけでなく、ボタンの間隔も重要です。ボタン自体が小さいデザインでも、隣のボタンとの距離が十分に離れていれば誤タップは減ります。

この点で参考になるのはWindows 10の閉じるボタンでしょう。タップ操作を前提としていないWindows 7とWindows 10では、ボタンの間隔がかなり異なります Fig3 。

Fig3 タップの有無によるボタンの距離の違い

Windows 7(左)に比べてWindows 10(右)はボタンの距離が離れています。

DESIGN RULE

006 これからのPCサイトはタップ対応を視野に入れる

LEVEL

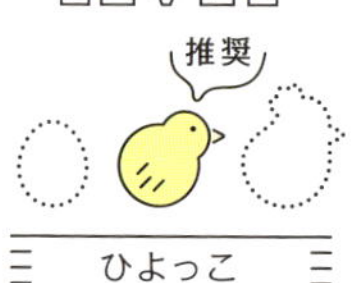

ひよっこ

これまではPCはマウス、スマートフォンやタブレットは指やタッチ・スタイラスペンという考え方でした。しかしPCも、タッチパネル対応ディスプレイが増えています。

PCもタップを視野に

　スマートフォンやタブレットのみならず、今後はタップで操作するPC が増えてくると考えられます。

　タップ対応は、前述した最小サイズも重要ですが、そのほかのタッチ操作にも注意して設定するようにしましょう。タップ、長押し、スライドやスワイプ、ピンチ、回転などは重要な操作方法になるので、必要に応じてサイト全体のデザインやレイアウトも、操作の邪魔になる要素がないか見直して設計しましょう Fig1～Fig5。

Fig1 タップ

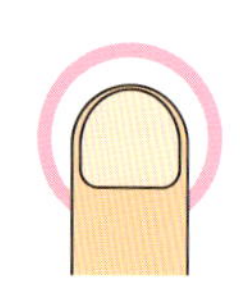

マウスでのクリックと同じく、一回タップしてページを開いたりする動き。
最小サイズやスペースを考慮し、触りやすいサイズにしておくことが大事です。

Fig2 長押し

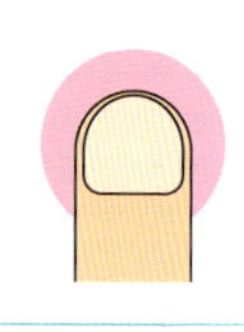

マウスの副クリック（右クリック）と同じ操作。
テキストの選択などにも使うので、行間を広めに指定するなど、隣接する要素とのスペースに注意しましょう。

Fig3 スライドやスワイプ

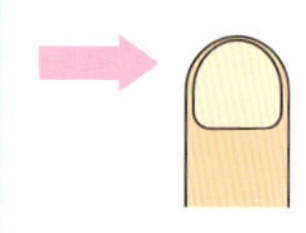

指をすべらせて、ギャラリーやページの遷移などを行う操作。
ボタンで移動するよりも、スワイプなどのほうが操作性が高いので、スライドショーなどはボタン＋スワイプ対応を検討しましょう。

MEMO
行間や文字間が狭いテキストはタップや選択がしにくくなるので、どのような操作をするか想定し、必要であれば大きめにスペースを取りましょう。

おじいさんとおばあさんは、
その男の子を

桃太郎

と名付け、それはそれはだいじにして育て

コピーするであろう箇所のテキストを大きくしたり、余白を大きく取る。

POINT

- タップ操作はスペースの取り方が重要
- ピンチ（拡大・縮小）をさせないという選択肢なども考える
- ギャラリーなど横スクロールはスワイプに対応できるデザインに

Fig4 ピンチ

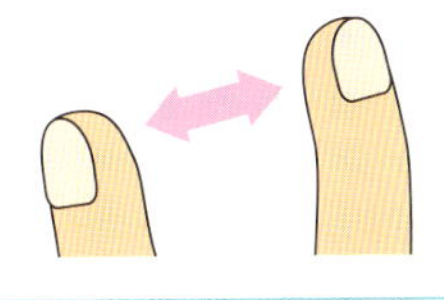

二本の指でつまんだり、広げたりする操作。サイトの要素を拡大・縮小したり、地図の拡大などに使用します。
逆に、サイト内でのピンチを禁止することも可能です。

Fig5 回転

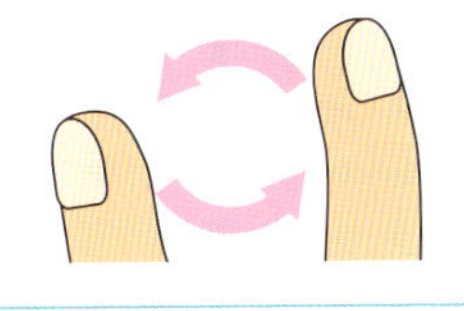

二本の指で捻るようにスライドさせ、要素を回転させる操作。
地図で多く見られます。コンテンツや画像など、今後使用範囲が広がると考えられます。

指による操作感

たとえばスワイプの場合、画像全体や内包する要素をまるごとスワイプ範囲として指定することで、スムーズな操作が可能になります Fig6 。

指による操作は、マウスに比べて細かな部分の操作が難しいというデメリットがあります。感覚的に触ることができるので、まだ漢字が読めないような子供でも操作ができたり、ボタンスペースが節約できるなどのメリットもあります。また、軽快な動きで見せられるため、UI/UXの視点からみてもユーザーの満足度が高くなります。

なお、コーディングする際にはHTMLやCSSだけでなく、JavaScriptなどプログラムの要素も必要になる部分があるので、エンジニアと事前に相談し、動きの詳細を決めておくようにしましょう。

Fig6

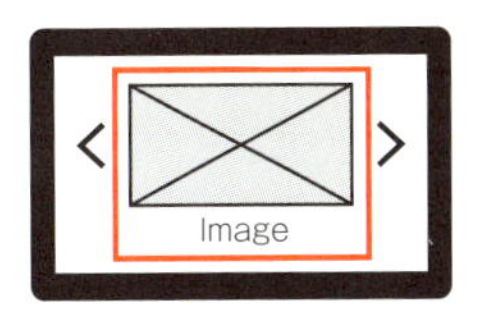

画像やタイトルなどのテキストを含めたエリアをスワイプ要素として指定すると操作しやすくなります。

DESIGN RULE

007 Webデザインの単位は印刷物とは違う

LEVEL

プロ未満

印刷物とWebサイトの大きな違いのひとつが単位です。Illustratorではmm指定が多いですが、Webデザインの場合はIllustratorでもピクセル(pixel)が基本となります。

実寸のないWebではピクセルを使う

紙やパッケージなどと違い、Webサイトは閲覧するデバイス(機器)により表示するサイズや比率が変わります。そのため、最小の単位としてピクセルを使用します。

1ピクセルは画面で表示できる最小サイズのことです。印刷物の場合は写真の解像度指定などで、ppi(pixel per inch・pixel/inch)が使用されます。Webサイトではこれをひとつの単位とし、指定はすべてピクセル(px)で行います Fig1 。

用語
[ピクセル] ピクセルはアプリケーションなどでは「pixel」や省略として「px」と表記されます。

MEMO
Photoshopの設定はP136を、Illustratorの設定はP182を参照してください。

Fig1 Illustratorの単位設定例

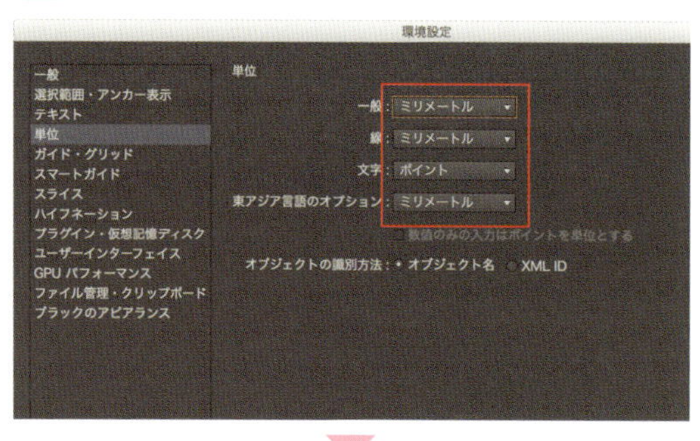

印刷物での単位の設定

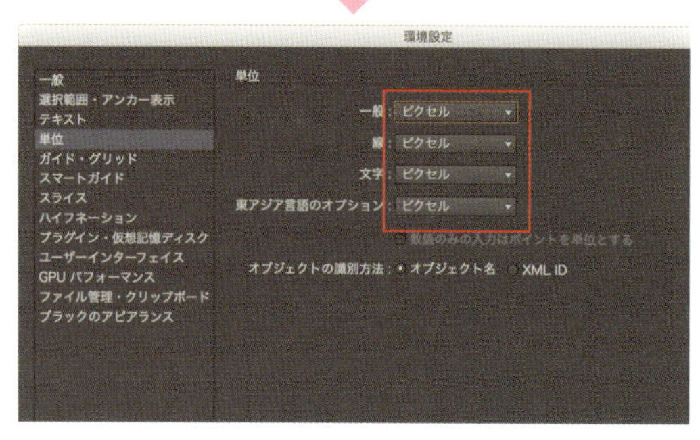

Webデザインでの単位の設定

POINT

- Webはピクセルが基本単位
- 文字のサイズ指定はピクセル以外に比率での指定もある
- pt指定をすると環境によってサイズが変わる場合がある

Webならではの文字の単位

Webデザインにおけるサイズの指定の中でも特に注意が必要なのが文字の単位です。

通常、Webサイトのコーディングにおいて文字サイズはCSSで指定しますが、CSSの文字サイズ指定はpxのほかに%、em、remなども存在します。これらはすべて「比率での指定」を意味しており、ベースとなるサイズを指定しておくことで、ベースサイズ、またはベースとなる親の文字サイズに対して何%か、という指示と同じような効果を持ちます。たとえば、「ベースとなる親要素にフォント=20ピクセル」と指定した場合、200%指定の最終的なサイズは「20×200%=40ピクセル」になります。

なお、もしもここでベースとなるサイズを指定しない場合は、ブラウザで設定されているサイズを基準に表示されるので注意しましょう Fig2 。

Fig2 pt指定は行わない

Photoshopでのpx&pt指定	CSSでのpx&pt指定 (Safari)
それぞれの表示〈16px〉	それぞれの表示〈16px〉
それぞれの表示〈16pt〉	それぞれの表示〈16pt〉
それぞれの表示〈12pt〉	それぞれの表示〈12pt〉

Photoshop上で文字サイズに16pxを指定した場合、そのままCSSでコーディングしてもブラウザ表示とのサイズに違いはありません。しかし16ptと指定した場合、ブラウザの表示サイズとの違いが出ます。これはptが印刷を前提にした単位であることから、解像度(ppi)が関係するためです。ptはあくまでも印刷で使用するための単位なので、Web制作での使用は避けましょう。

DESIGN RULE

008 Webの色表現のしくみをきちんと踏まえる

LEVEL

プロ未満

単位以外にも絶対押さえなければいけないポイントに色の指定があります。自分のPCでは意図通りに見えるから大丈夫、と思っていても、他のモニタでは全然違う色に見えることもあります。

RGB

CMYK

WebはRGBで指定する

モニタにおける透過光を色表現の原理にしているWebデザインでは、色の指定をRGBで行います。

RGBは印刷のCMYKよりも発色のよい指定が可能ですが、個々が使用しているモニタやPCにより表現できる範囲が異なるため、Webの世界では厳密な色再現が難しくなります。Webデザインでは、緻密な色の指示よりも、環境による色の変化を踏まえた指定をするようにしましょうFig1。

Fig1 淡い色使いは環境によって見えなくなる

・デザイン上

次のページへ

ボタンの枠を薄くしすぎると

R=241
G=241
B=241

・色を正確に出せるPC

次のページへ

・色を正確に出せないPC

次のページへ

ボタンとしての枠が認識できなくなることもあります

MEMO
Webデザイナーは Macを使うことが多いので、一般的なモニタとの色の差異が大きくなりがちです。色確認用に、市販モニタを用意してチェックできる体制を作るとよいでしょう。

MEMO
色についてはP138、P182も参照してください。

「Webの色表現のしくみをきちんと踏まえる」
を解決してプロのWebデザイナーになるには

POINT

- Webは RGBベースにして作成する
- 画像以外のテキストや背景などの色指定はカラーコードを使っている
- Webデザインの色確認は複数モニタを使うのがベスト

Webの基本であるRGBとカラーコード

Webの世界に少しでも触れたことがあれば、「#FFFFF」などの色指定を見たことがあるかもしれません。Webにおける色表示や色の指示には、このようなHTMLやCSSなどで使うカラーコードを使用します。カラーコードはRGBを16進数に変換したものです。デザインデータは基本的にはRGBで作成しておけば問題はありませんが、カラーコードで直接指定したい場合もあるので、原理は理解しておきましょう Fig2 。

Fig2 RGBとカラーコードの関係

RGB数値(10進数)	カラーコード(16進数)
200	C8
R=200	R=C8
G=200	G=C8 ＝ #C8C8C8
B=200	B=C8

10進数は、私たちが日常的に使用している数の表現です。10で桁が上がるため、「0～9」の10種類の数字で表せます。16進数はコンピューターの世界でよく使われる数の表現ですが、16で桁が上がるため、10種類の数字では足りません。そのため、「0123456789ABCDEF」とA～Fを加えた16種類の文字で数を表現します。上記の例でいえば、10進数の200を16進数で表現するとC8となるわけです。Webのカラーコードにアルファベットが使われているのはこのためで、アルファベットがFに近いほど数字が大きい、つまりRGBでは明るい色を表します。

MEMO
カラーコードの中には、Webセーフカラーというものも存在します。Webセーフカラーは、「古いパソコンなどでサイトを見ても、色が環境に左右されない、または左右されにくい216色を使えば安全」という意味で作られた基準です。ただ、モニタやPCが進化した現在ではあまり使われなくなりました。

DESIGN RULE

009 リキッド画像は縮んだりズレたりして表示される

LEVEL

横幅により可変するのはレイアウトだけではありません。当然幅が狭くなれば画像を表示できる範囲も変わります。バナーなどをそのまま縮小すると大切な文字やロゴが見えなくなるので注意しましょう。

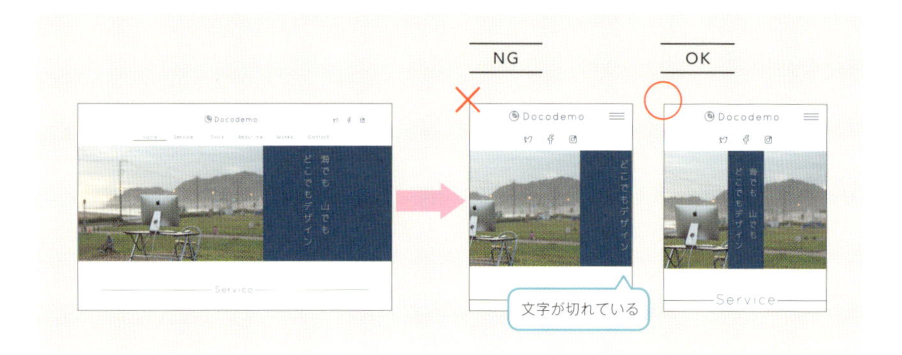

リキッド画像の指定方法

レスポンシブWebデザインが主流となっている現在では、リキッド、つまりウィンドウサイズにあわせた可変の指定が増えています。しかし、ただ可変というだけでは、どんなサイトの設計なのか、コーディング担当者に伝わりません。

具体的に、どこからどの部分が可変となるのか、動きを考えた上で的確に指示しましょう Fig1 。

Fig1 画像の縮み方の例

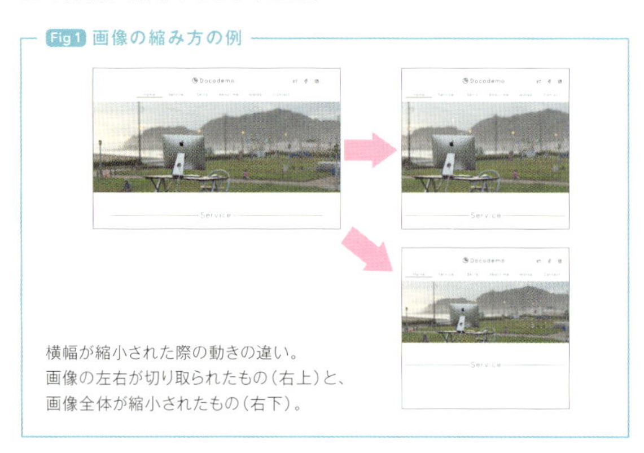

横幅が縮小された際の動きの違い。
画像の左右が切り取られたもの（右上）と、
画像全体が縮小されたもの（右下）。

MEMO
リキッド（liquid）とは液体を意味ます。Webデザインではサイズにあわせて流動的にレイアウトを変更するデザインも多いので、可変なデザインをリキッドと表現する場合があります。
なお、縦横比を固定して画面幅いっぱいに表示する画像のことを、フルードイメージ（Fluid Image）とも言います。

MEMO
リキッドな画像の指定には％を使います。明確な数値で固定できないので、解像度が高めの画像を用意するとよいでしょう。

POINT

- リキッドレイアウトの画像は縮み方を考える
- ウインドウサイズによって画像を入れ替えることも考慮する
- ロゴマークなどもレイアウトにより切り替えることがある

スマートフォンなどでの画像の差し替え

リキッドレイアウトの画像、たとえばキャンペーンバナーのような画像内にテキストが載っているケースでは、スマートフォンで表示した際に、画像が縮小されるために文字が小さくなって読めなくなったり、必要な要素が切れてしまったりすることがあります。

そのような画像の場合には、ウィンドウサイズによって画像そのものを別画像に差し替えるようにしましょう Fig2。

このように、画像やロゴマークなど重要な要素を表示する際に、ただ縮めるのではなく、横幅により適切な画像に切り替えて表示することをレスポンシブイメージと呼びます。

これからのWebデザインでは必須の技法となるので、押さえておきましょう。

Fig2 メイン画像を差し替える例

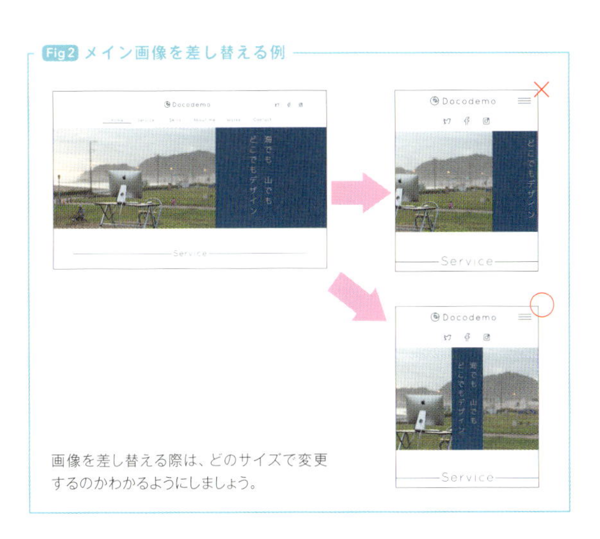

画像を差し替える際は、どのサイズで変更するのかわかるようにしましょう。

MEMO

画像はあまり種類を増やしてもスマートフォンでの読み込みが遅くなるおそれがあります。どのように処理するかはコーディング担当者と相談しましょう。

DESIGN RULE

010 Webサイトをデザインするときの推奨サイズは？

LEVEL

プロ未満

モニタの幅が広がれば、当然その上で表示するウィンドウのサイズも大きくなります。現在の主流がどのようなサイズなのかをチェックして、無駄のないサイズを検討しましょう。

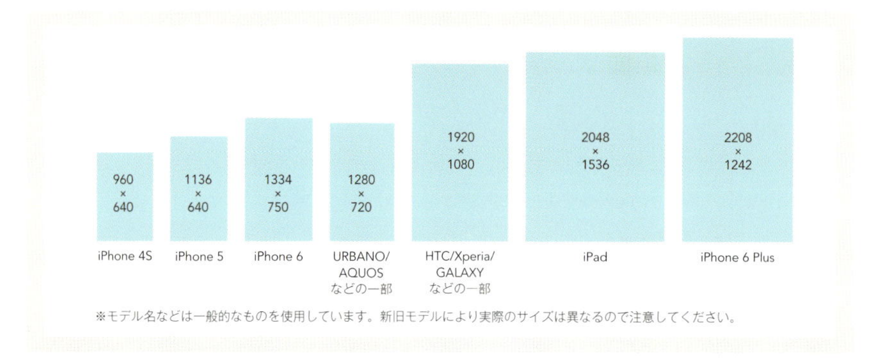

PCのモニタはワイド画面が主流

少し前までのモニタは、スクエア型ディスプレイと呼ばれる4:3の画面が主流でした。現在では16:9や16:10、またはそれ以上のワイド型が主流となり、Webサイトも、以前より横幅サイズが大きくなってきました。大手のWebサイトなどを見てみると、そのほとんどが960ピクセル～1200ピクセル前後で横幅を指定しています。このことからも、これから作成するWebサイトは1000ピクセル目安とし、ユーザーやターゲットにあわせて最大を1200ピクセルとして調整するとよいでしょう Fig1 。

Fig1 モニタの主流サイズ

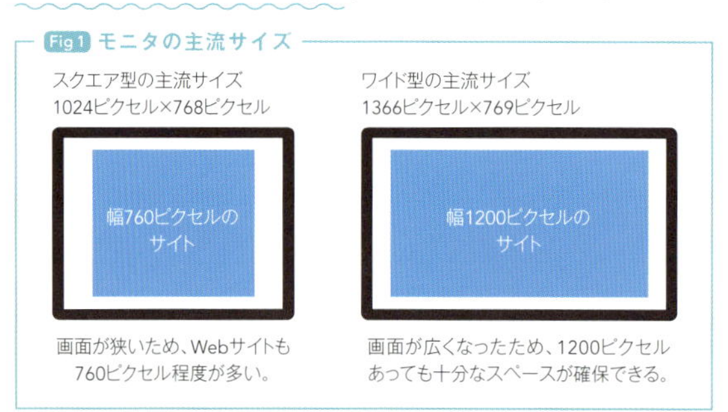

MEMO
画面サイズはレスポンシブWebデザインとも深い関係があるので、レスポンシブを採用する場合はベースとなる仕組みをきちんと確認しましょう。

POINT

- PC用Webデザインは横幅1000ピクセル前後を目安にする
- スマホのWebデザインはシェアの高いiPhoneをベースに
- 解像度と画面サイズは別の基準なので、混同しないように注意

スマートフォンの画面サイズ

Webサイトよりも難しいのが、スマートフォンのサイズです。日本では、iPhoneが50%以上と圧倒的なシェアを誇っています。しかし、残りシェアの大半を占めるAndroidの製品では、固定の画面サイズがありません。そのため、できる限り汎用的なものを作る必要があります。

傾向を見ると、Androidのスマートフォンは大きなものでも480ピクセルまでが主流となっています。そこで、スマートフォンの画面サイズを480ピクセル以下と考え、デザインについてはiPhone5（320ピクセル×568ピクセル）やiPhone6（375ピクセル×667ピクセル）をベースに作成するとよいでしょう Fig2 。

Bootstrapなど、あらかじめベースとなるCSSフレームワーク（テンプレート）を用意して工数を削減する場合もあるので、デザインサイズはディレクターやエンジニアと相談して決めましょう。

注意
左ページ図はディスプレイの解像度（画素数）を示しており、CSSでのレイアウトサイズ（ここでいう画面サイズ）とは異なります。これには端末のデバイス・ピクセル比（devicePixelRatio）が関係しています。たとえばiPhone 5の場合はデバイス・ピクセル比が2で、これは2つの画素でCSSの1ピクセルを表現することを意味します。このため、iPhone 5の実解像度は640ですが、CSSのレイアウトでは半分の320ピクセルとしてあつかわれます。同様にGALAXY S5はデバイス・ピクセル比が3なので、解像度の1080ピクセルに対してCSSでのレイアウトサイズは1/3の360ピクセルとなります。ただし、画像は基本的に解像度を基準に作ります（詳しくはP035をご覧ください）。

Fig2 スマートフォンの画面サイズ

iOSスマートフォンの画面サイズ		Androidスマートフォンの画面サイズ	
iPhone5 / iPhone5s	320px × 568px	GALAXY S5	360px × 640px
iPhone6 / iPhone6s	375px × 667px	Xperia Z3	360px × 592px
iPhone6 Plus / iPhone6s Plus	414px × 736px	GALAXY S II	480px × 800px

表からもわかる通り、Androidは機種によって画面サイズがまちまちです。最小サイズと最大サイズを考慮し、ベースとなるデバイスを決めた上でデザインを進めましょう。

DESIGN RULE

011 PCやスマートフォンの解像度対応

LEVEL

プロ未満

近年のPCやスマートフォンは、高解像度化が進んでいます。当然、Webもそれに対応する必要があります。ただし、すべての解像度や画面サイズにあわせてデザインをするのは現実的ではありません。

そのままのサイズ

解像度2倍

解像度3倍

モニタの解像度問題

これまでWebデザインの解像度は、PCを基準とした72dpiが主流でした。しかしここ10年ほどで登場したスマートフォンやタブレット、そしてPCの一部に、より高解像度の製品が登場してくるようになりました。

これまでの72dpiよりも1.33～3倍の解像度が使用されはじめ、デザインの画像や素材もそれにあわせて高解像度のものを用意する必要が生じています。

主にAppleのMacやiPhoneで使用されているRetinaディスプレイでは、2倍の解像度を中心に作られています。一方、Androidについては多様な解像度のデバイスに存在します Fig1。

Fig1 Androidは特に種類が多い？

Androidの解像度は非常に種類が多く、mdpiを1として、tvdpi（1.33倍）、hdpi（1.5倍）、xhdpi（2倍）、xxhdpi（3倍）、xxxhdpi（4倍）とさまざまな解像度があります。もしもすべての解像度に対応したいなら、もっとも大きなサイズxxxhdpiに合わせて、横幅を1440ピクセルでデザインする必要があります。

MEMO

とくにAndroidのアプリデザインにおいては、様々な解像度を考慮する必要があるので、エンジニアと相談してあらかじめサイズを確認しておきましょう。

用語

[mdpi] 中解像度
[tvdi] TV向け解像度
[hdpi] 高解像度

POINT

- Retinaをはじめとする高解像度モニタには2倍以上で対応
- Androidの超高解像度デバイスなどは対応を見送ることが多い
- PCは通常サイズでデザインしてもいいがパーツは2倍を用意

実際の現場ではどうしてる？

スマートフォンのWebデザインを行う場合、Androidの解像度にあわせて、すべての画像サイズを用意するのは現実的ではありません。実際には、国内のシェアを考慮し、iPhone5およびiPhone6を中心とした2倍でWebデザインを行う場合がほとんどです。

またPCのWebデザインの場合は、デザイン上は通常のサイズ（1倍）のまま作成することが多いのですが、コーディングする際に用意する画像は、こちらもRetinaディスプレイを前提に、2倍の解像度で画像を用意するとよいでしょう Fig2。

2倍や3倍で書き出した画像は、「image@2x.png」のように、「@＊x（エックス）」をつけて画像を開かなくてもサイズが予測できるようにしておくとミスが少なくなります。

MEMO
PC、スマホともに、基本的にすべてのパーツ、アイコン、画像などを2倍サイズで用意するようにしましょう。

MEMO
実は、iPhone6 Plusは解像度が3倍あります。現在はまだ主流とは言えませんが、今後はさらに大きな解像度への対応が必須になってくるでしょう。

Fig2 スマートフォンのWebデザイン（最大サイズに注意）

iPhone 5をベース

画面サイズ=幅320px 縦568px
解像度（デザインサイズ）＝幅640px 縦1136px

iPhone 6をベース

画面サイズ=幅375px 縦667px
解像度（デザインサイズ）＝幅750px 縦1334px

PCのWebデザイン

デザインの2倍サイズ画像を用意

画像サイズ=幅350px 縦200pxの画像の場合
解像度（用意するサイズ）＝幅700px 縦400px

012 FacebookやTwitterと連係させるには

プロ未満

昨今のWebサイトでは、FacebookやTwitterなど、SNSのタイムラインを表示することがよくあります。その際、最低限のルールや利用方法を知っておきましょう。常に情報をチェックする必要があります。

FacebookやTwitterのいいねボタンやツイートボタン、タイムラインを埋め込むには

FacebookやTwitterは、開発者向けやサイト構築の際に使えるアプリを公開しています Fig1 。Webサイトなどでよく見かけるソーシャルボタンやタイムラインもこれを利用するのが一般的です。なお、ボタン類は用意されているものを使用する方が権利の面からみても無難です Fig2 Fig3 。

Fig 1

Facebook Developers
https://developers.facebook.com/

Twitter開発者向けリソース
https://about.twitter.com/ja/company/developer-resources

Fig2 Facebookのシェアボタン

Facebookには「いいねボタン」と「シェアボタン」があります。共有するボタンは、シェアボタンを使用します。この際、日本語や英語などの表記言語も選択できます。

「FacebookやTwitterと連係させるには」
を解決してプロのWebデザイナーになるには

POINT

- ソーシャルボタンやタイムライン表示は配布プログラムの変更に注意
- オリジナルソーシャルボタンはブランドイメージを損なわないようにする
- タイムライン表示は横幅の最大値に注意

Fig3 Twitterのツイートボタン

ツイート

Twitterで共有する場合はツイートボタンを利用します。しかしツイートボタンは現在、「ツイート数」が取得できない仕様になっており、Facebookなどと並べて使う場合はデザイン上の注意が必要です。

MEMO
デザイン的な理由からカスタマイズしたオリジナルボタンを利用することもあります。ただ、その際はロゴマークを勝手に改変したり、色を変更したりなどのブランドイメージを損なうあつかいはしないようにしましょう。

タイムライン表示の注意点

それぞれのタイムライン表示Fig4は、通常pxなどの固定幅を指定します。しかし、近年主流となっているレスポンシブWebデザインにおいて、固定幅は非常にあつかいにくいものです。そのため「リキッド（可変）でお願いします」という指示を見かけることもありますが、このときも注意が必要です。

タイムライン表示に使われているサービスプログラムは頻繁に変更されるため、常にリキッドが可能とは限りません。設置する際は現在のサービスでリキッドな枠サイズが可能かどうか、必ず確認しましょう。

ソーシャルサービスの開発者向けプログラムは頻繁に変更されます。利用する際は面倒でもできる限り確認を行いましょう。

Fig4 タイムラインの表示

CHAPTER 1 Webデザインの基本的なルール

COLUMN 最大サイズに注意

2016年3月現在では、タイムラインのリキッド（可変）指定が可能です。ただし、横幅などの最大サイズに限界値があります。最大値はサービスにより様々ですが、500ピクセル前後が最大値として指定される傾向にあります。デザインする際は500ピクセル程度までで収めるように心がけましょう。

Twitterタイムライン表示の最大枠サイズ＝520ピクセル

Facebookタイムライン表示の最大枠サイズ＝500ピクセル

DESIGN RULE

013 グリッドシステムを利用して計画的なレイアウトを行う

LEVEL

ひよっこ

様々なCSSフレームワークでも利用されているグリッドシステム。この基本を理解して、Webデザイン独自のリキッドレイアウトの指標にすると、デザインイメージの共有がより確実になります。

レスポンシブWebデザインに必須なグリッドシステム

DTPやグラフィックデザインではおなじみのグリッドシステムはページを格子状に分割してレイアウトのベースにすることで、一見ランダムな配置も綺麗に整列させる技術です Fig1。ただし、Webサイトの場合は、幅・高さとも可変であることが多く、少し考え方が異なります。Webのグリッドシステムは縦方向の要素をあまり固定せず、水平のグリッドよりも垂直のグリッドを重視した分割をします Fig2。

Fig1 紙のデザインの例

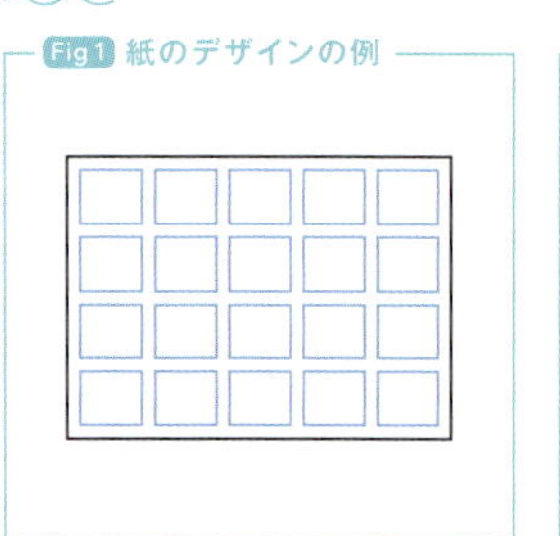

Fig2 Webデザインの例

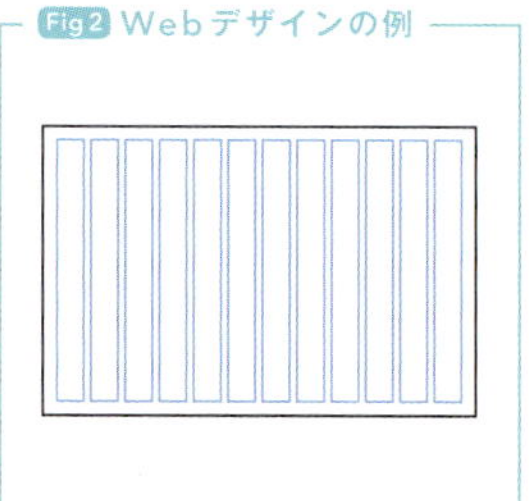

12カラムのグリッド

レスポンシブWebデザインで主流となっているのが12カラムのグリッドです。12カラムとは、12個（列）で区切るレイアウトのことです。一つ一つのカラムは、％で指定します。12分割であれば幅は1/12=8.33333333％となります Fig3。

小数点以下の指定は、これまでのピクセルパーフェクトを目指したWebデザインとは少し異なります。ただし、リキッド（可変）デザインで考えた場合、見た目の完ぺきさよりも幅指定の柔軟性が求められるため、％で指定する必要があります。

MEMO
Bootstrapや Foundationなど、レイアウトやWebデザインをパッケージ化したフレームワークの多くは、このグリッドシステムを活用しています。

MEMO
縦が無限に伸びるWebデザインでは、水平のグリッドは要素により変化させて、垂直のグリッドを中心に考えます。

MEMO
グリッドの数は12もしくは6カラムが主流です。

用語
［ピクセルパーフェクト］1ピクセル単位で調整されたデザインを、寸分たがわずブラウザで表示すること。

POINT

- Webデザインのグリッドは縦分割グリッドの12または6カラムが主流
- 画面サイズごとにグリッドでレイアウトすると変化がわかりやすい
- 幅を%で指定することで柔軟性をもたせる

Fig3 12カラムのグリッド例

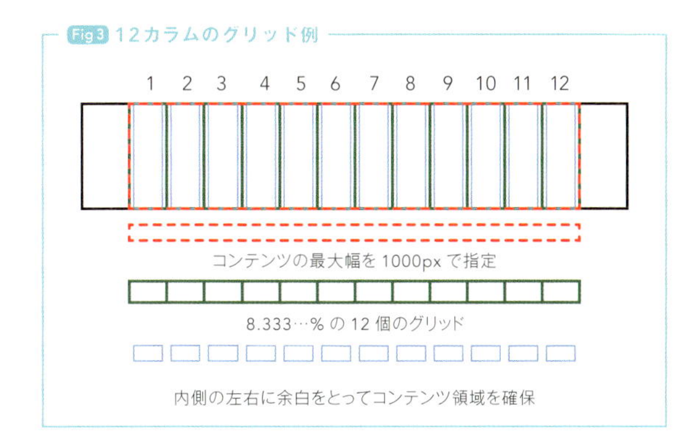

Webのグリッドシステムで特徴的なのは、この%で指定する点です。%で指定しておくことで可変サイズに対応します。また特定の横幅以下、以上といった条件でレイアウトを切り替えることで、レスポンシブWebデザインのレイアウトパターンを作成できます。

大きな画面と小さな画面におけるレイアウトの切り替えをグリッドで管理することで、どのようにレイアウトを変化させるかを計画しやすくなります Fig4 。

Fig4 グリッドでレイアウトの切り替えを管理

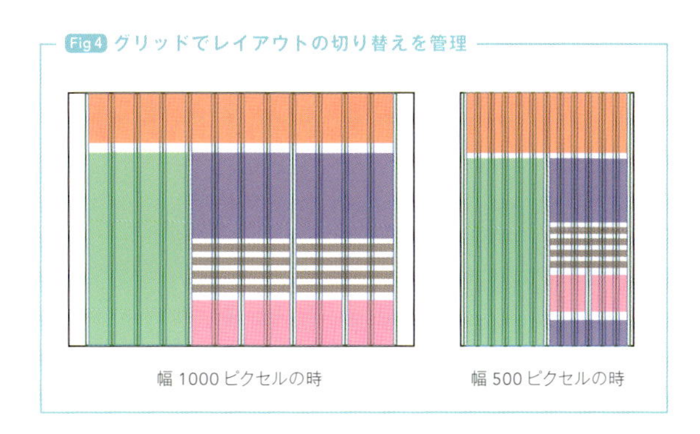

MEMO
グリッド作成についてはP094を参照してください。

DESIGN RULE

014 明朝体でWebデザインはダメ？

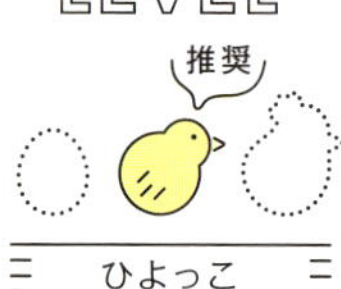

ひよっこ

DTPでは、タイトルはゴシック、本文は明朝体で組むというスタイルが一般的です。ただ、これはWebデザインでは通用しません。環境に依存しやすいWebデザインならではの書体選択を心掛けましょう。

ゴシック体とアンチエイリアス:14px

ゴシック体とアンチエイリアス:30px

ゴシック体でアンチエイリアスあり

明朝体とアンチエイリアス:14px

明朝体とアンチエイリアス:30px

明朝体でアンチエイリアスあり

ゴシック体とアンチエイリアス:14px

ゴシック体とアンチエイリアス:30px

ゴシック体でアンチエイリアスなし

明朝体とアンチエイリアス:14px

明朝体とアンチエイリアス:30px

明朝体でアンチエイリアスなし

Webサイトに明朝体が少ない理由

印刷物をあつかうDTP・グラフィックデザイナーにとって、明朝体は本文で読みやすい書体という認識があるかもしれません。しかし、Webサイトの場合はそうではありません。

フォントなどの文字を画面上で綺麗に表示する場合、アンチエイリアスという処理がされています。これは縁などを自然に見せるためにぼかしなどを施し、違和感なくすための処理です。しかしこの処理は使用するOSやブラウザによって、かなり差が出ます。とくにWindowsでは、アンチエイリアスが弱く、縁がギザギザになったりして、あまり綺麗に表示できません。

Fig1 アンチエイリアスが掛かった状態との比較

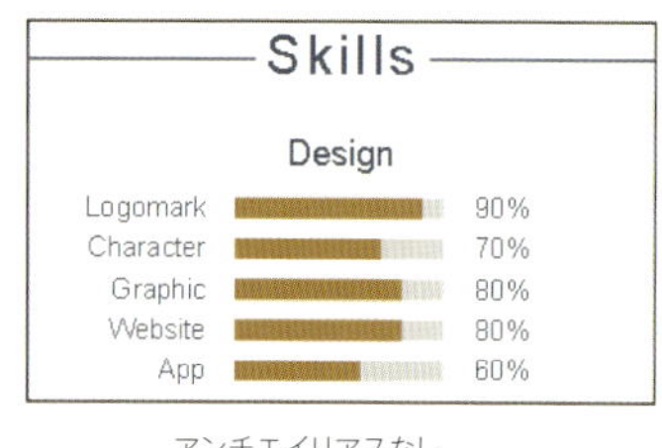

アンチエイリアスなし

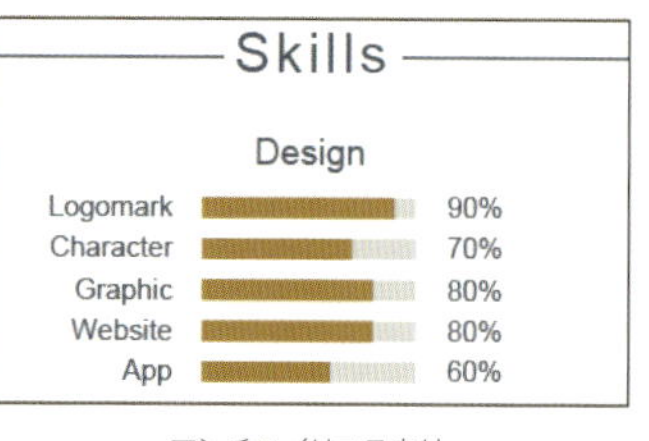

アンチエイリアスあり

POINT

- Webのアンチエイリアスはおおやブラウザで異なる
- 明朝体はアンチエイリアスが弱いと読みづらい
- 書体の選択はブラウザや対応方法とあわせて検討しよう

たとえば Fig 1 の左図のように、アンチエイリアスのかかっていない文字は、非常に可読性が低く、読みづらくなってしまいます。特に、明朝体のように線の強弱を用いる書体は、アンチエイリアスが弱いと汚く見えてしまいます。

しかし、ゴシック体ではどうでしょうか。ゴシック体は一定の太さでデザインされているものが多く、アンチエイリアスが弱い場合でも読みづらさを軽減できます。そのため、Webでは本文に明朝体を使わず、ゴシック体を中心にデザインすることが多くなっています。

明朝体を使える条件とは

可読性が落ちることを承知の上で、ひとつのデザインとして明朝体を使用するのであれば、なんら問題はありません。しかし、Windowsをメインで使用しているクライアント側から「文字を綺麗にできないか」などの相談はよくあることですので、十分注意しましょう。

そういった場合にCSSなどで表示の差異を減らそうという方法もありますが、どうしても綺麗に出したい場合は、画像やSVGなど、別の方法を検討しましょう。ただし、その場合でも本文の画像化はできる限り避けるべきです。

最終的に、ユーザーのことを考えるのであれば、明朝体はタイトルや大きめの文章に限って使用するとよいでしょう。

MEMO
文字サイズを大きめにとる以外には、CSSのfont-smoothingプロパティを指定して、手動でアンチエイリアスを処理を施したり、影をつけてぼかすなどの方法がありますが、実装としてはあまり綺麗な方法とは言えません。

DESIGN RULE

015 Webで表示されるフォントは環境で変化する

LEVEL

プロ未満

ユーザー環境によって表示が変わるWebサイト。その中でも、フォントの表示は大きな問題です。仕組みを正しく理解して、コントロールできるようにしましょう。

Docodemo Design
北村　崇
Helvetica Light & ヒラギノ角ゴシック

Docodemo Design
北村　崇
Helvetica Regular & 遊ゴシック

Docodemo Design
北村　崇
Futura & ヒラギノ角ゴシック

同じようなゴシック体でも、細かな指定をすることでデザインやイメージも変わります。

Webに使える書体

Webサイトで使用できるフォントは、基本的には個々のPCやスマートフォンなどの環境に応じて変わります。たとえばMacにはヒラギノというフォントが最初から入っていますが、Windowsには入っていません Fig1。そのため、ヒラギノをフォントとして指定しても、ヒラギノで表示されるのはMacで見た場合だけとなります。

Fig1 Webサイトによく使われるフォント例

フォント	搭載OS
游ゴシック	Windows8.1～/MacOSX10.9～
ヒラギノ角ゴ ヒラギノ明朝	MacOS X～/iOS
メイリオ	Windows Vista～
モトヤフォント	Android4～

フォントの指定には、OSなどの対応状況により調整が必要です。とくにAndroidはゴシック体は指定できますが、明朝体に対応していないので十分注意しましょう。

MEMO
個々の環境に依存しないフォントの指定方法に、Webフォントというものがあります。詳細はP046を参照してください。

POINT

- フォントは環境に依存する
- Webのフォント指定は優先順位で指定する
- 英数字と和文に別々のフォントを指定することが簡単にできる

Webのフォント指定方法とは

実際にフォントを使用する際は、どのように指定すべきか、その基本的なルールを知っておきましょう。

Webの場合、フォントの指定は優先順位に応じて行います。たとえば、日本語をヒラギノ角ゴ ProNを指定する場合、前述したように「そのフォントがない環境」のために、「ヒラギノがない場合はメイリオ」など、次に優先するフォントを記述することになります Fig2。

Fig2 Webでのフォント指定の基礎

CSS で次のように指定した場合
font-family: "Hiragino Kaku Gothic ProN"," メイリオ";

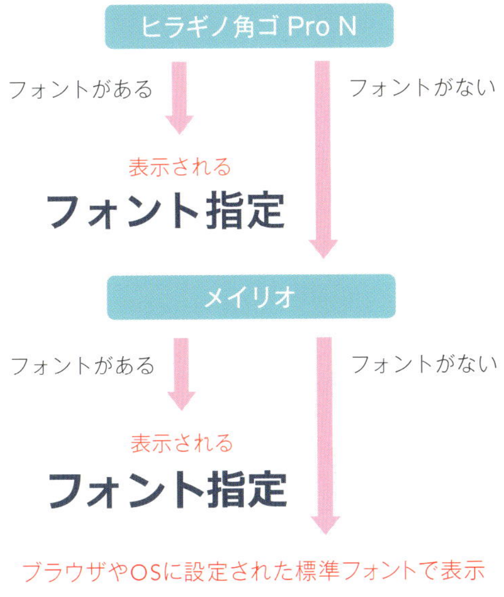

ヒラギノ角ゴ Pro N
フォントがある → 表示される フォント指定
フォントがない ↓
メイリオ
フォントがある → 表示される フォント指定
フォントがない ↓
ブラウザやOSに設定された標準フォントで表示

MEMO
Webでのフォント指定は1つではなく、複数を指定するのが一般的です。この流れをうまく利用することで、優先順位をうまく使い、英数字はHelvetica、日本語部分にはヒラギノなど、混合フォントとして使用することもできます。

DESIGN RULE

016 テキストの太字や斜体指定には書式設定を使わない

LEVEL

プロ未満

文字やフォントは、意外と問題になりやすい部分です。フォントの変更以外でも様々な文字加工ができてしまいます。そのまま納品するとトラブルになることもあるので注意しましょう。

Photoshopはとくに注意！フォント加工処理

IllustratorやPhotoshopなど、デザインツールには様々な機能がありますが、文字加工については注意が必要です。Illustratorはさほどでもありませんが、Photoshopの書式設定には文字加工が多く用意されています Fig1。

Fig1 Photoshopの文字の書式設定の例

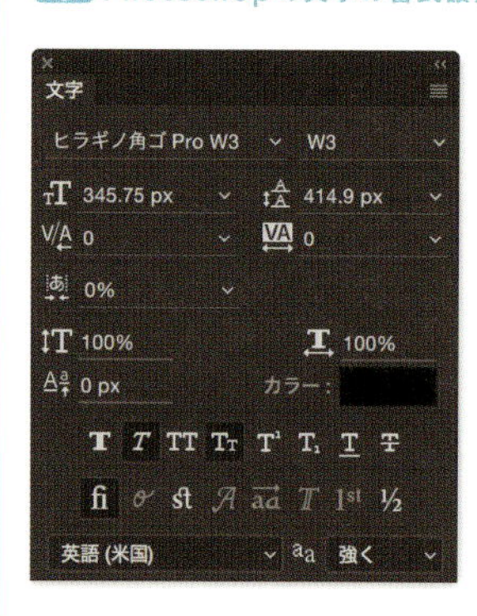

通常の文字
太字の加工
斜体の加工
SMALL CAPS

文字はフォントを選ぶだけでなく、アプリケーションの書式設定で、太字や斜体、またスモールキャップスなどさまざまな加工を行うこともできます。しかし、これらはアプリケーション上で処理されているものなので、実際のWebデザインには使用できないものも含まれます。

MEMO
Illustratorであれば、「線」を文字に加えるなどの加工も同類になります。これらはWebデザインのテキスト部分に使用してはいけません。

文字の書式設定で加工をしてはいけない？

アプリケーションに依存する文字加工は、Webサイト上で実装することがほとんどできません。

厳密に言えば、それに近い加工は可能です。たとえば、文字を太くする加工は、実際のWebサイトではフォント指定自体を

POINT

- Photoshopの書式設定で「太字」や「斜体」は使用しない
- スモールキャップスや打ち消し線などはCSSで指定できる
- 太字を指定する場合はフォントウェイトを変更する

太字(Bold)など変更するように設定します。相対的に太く見せたり、細く見せたりする指定もあるにはありますが、元のフォントの形にも大きく影響を受けます。基本的に文字を太くしたいときは、太いウェイトのフォントを使うようにしましょうFig2。

また、斜体加工なども閲覧環境やフォントによっては表示できない場合がありますので(Windowsのメイリオなど)、とくに日本語環境においてはあまり使用をおすすめできません。

Fig2 CSSで実装できる書式の加工例

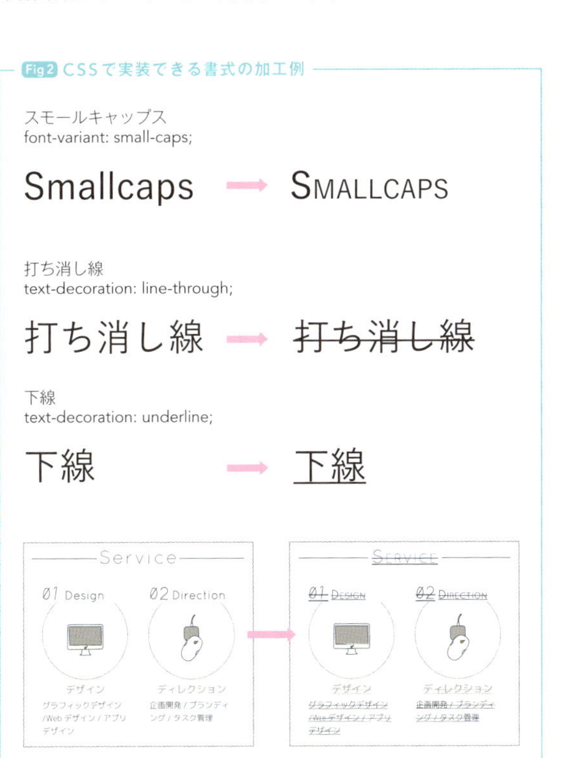

スモールキャップス、打ち消し線、下線など同時にかけることもできる。

MEMO
太文字を指定したい場合は、見た目で加工するのではなく、必ずフォントファミリーのBoldやHeavyなど、フォントのウェイトで指定するようにしましょう。

MEMO
Webで表示する場合、デバイスフォント(端末にインストールされているフォント)の太字加工や斜体加工をCSSで指定することになります。ただし処理に限界があり、環境によっては有効になりません。デバイスフォントを使った見出しなどを目立たせたい場合、太字などに頼るのではなく、なるべくフォントサイズを調整して強調したほうがよいでしょう。

017 Webフォントってなに？

LEVEL

プロ未満

以前までは「デザイン性の高いフォントを使ったタイトル」などは、画像で書き出すしかありませんでした。しかし現在では、Webフォントを使用すれば画像を使わずに表現の幅を広げることができます。

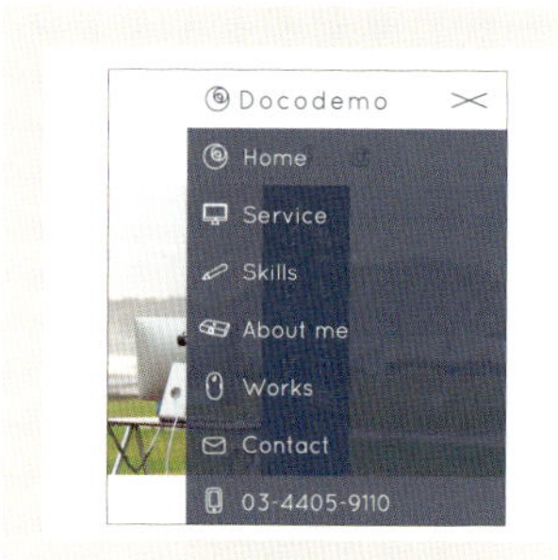

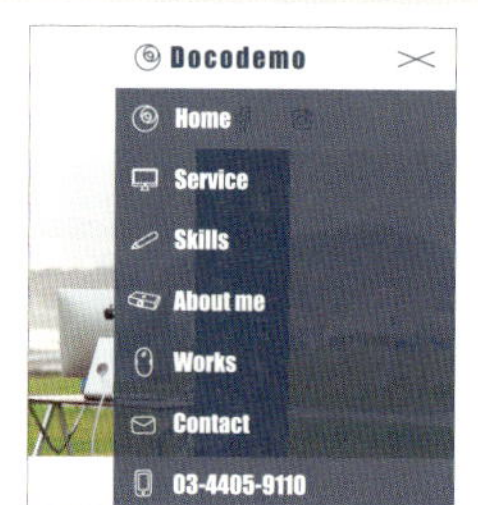

既存のWebサイトにWebフォントを指定すると、テキストでも様々な表現が可能になります。

環境に依存しないフォント

閲覧デバイスや環境に依存せず、指定したフォントで表示する方法としてWebフォントと呼ばれる技術があります。

Webフォントは、Webサイトのデータなどと同様にネットワーク上にフォントデータを設置し、そこにアクセスすることで様々な環境でも同じフォントが使用できる仕組みです Fig1 。

MEMO
欧文に比べ和文フォントは文字数が圧倒的に多いため、そのまま使用すると、サイトの閲覧が非常に重くなってしまいます。サイト全体に和文フォントを使う場合は注意しましょう。

MEMO
Webフォントはオリジナルのフォントや手持ちのフォントを使用することもできますが、フォントの著作権はそのまま継続するので、独自にWebフォント化する際はライセンスを必ず確認しましょう。

Fig1 Oswaldというフォントを指定した例

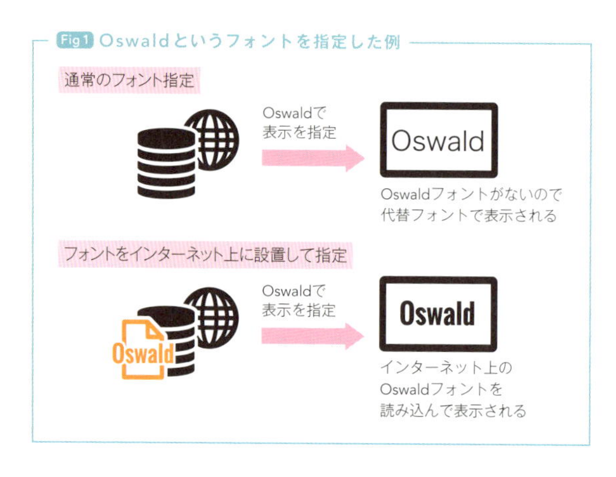

POINT

- インターネット上にあるWebフォントを使用すると環境に依存しない
- 独自に設置する場合はフォントの著作権（ライセンス）に注意
- 現在はフォントベンダーなどがWebフォントサービスを展開している

Webフォント提供サービス

現在は、自分でWebフォントデータを準備しなくても、フォントベンダーなどが提供しているサービスも利用できます。代表的なものを紹介しましょう Fig2 ～ Fig4 。

Fig2 Google Web Fonts（欧文フォント）

Googleが無償で提供しているWebフォントサービス。残念ながら和文フォントはまだ提供されていませんが、欧文フォントが充実しています。
https://www.google.com/fonts

Fig3 TypeSquare（和文フォント）

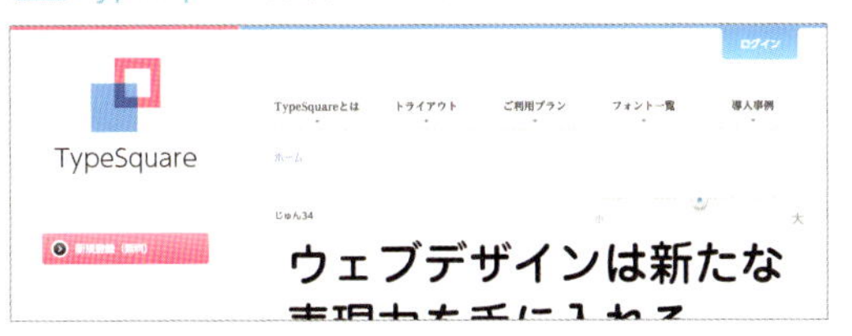

著名なフォントベンダーである株式会社モリサワが提供している有料のWebフォントサービス。モリサワパスポートを契約していれば、1,000万PV/年までは追加料金なしで利用できます。
http://typesquare.com/

Fig4 FONTPLUS（和文フォント）

ソフトバンク・テクノロジー株式会社が提供している有料のWebフォントサービス。モリサワをはじめ、さまざまなフォントベンダーのフォントを利用できる点が魅力です。
http://webfont.fontplus.jp/

DESIGN RULE

018 10ピクセル以下の文字サイズは指定に注意が必要

LEVEL

プロ未満

紙であれば小さな文字でも可読性が保たれる可能性は高いですが、Webサイトの場合は、10ピクセル以下になると可読性がかなり落ちます。小さな文字を利用するときは注意が必要です。

10ピクセルまでしか設定できないブラウザがある

OSやブラウザの機能に依存するWebデザインでは、様々な環境で対応できるかどうかがポイントになります。フォントのサイズにおいて問題になるのは、Googleのブラウザである Chromeでは、最小文字サイズの仕様が10ピクセルまでとなっている点です Fig 1 。

Fig 1 文字サイズを10ピクセル未満で指定をした例

Chrome

フォントの表示サイズ<14px>

フォントの表示サイズ<10px>

フォントの表示サイズ<8px>

フォントの表示サイズ<6px>

Safari

フォントの表示サイズ<14px>

フォントの表示サイズ<10px>

フォントの表示サイズ<8px>

フォントの表示サイズ<6px>

Firefox

フォントの表示サイズ<14px>

フォントの表示サイズ<10px>

フォントの表示サイズ<8px>

フォントの表示サイズ<6px>

MEMO
主要な複数のWebブラウザで、同じ表示を再現できることをクロスブラウザと言います。

MEMO
主要なブラウザで10ピクセル未満が正しく表示できないのはChromeだけです。
Firefox、Safari、IE9以降などは、10ピクセル未満の表示に対応しています。

POINT

- GoogleChromeのフォントサイズは10ピクセルまで
- ルビなどで使用したい場合は、CSSなどで強制的に小さくできる
- 10ピクセル以下にするときはコーディング担当者に相談する

10ピクセル未満は絶対に使えない？

そもそも、小さなフォントサイズを利用するとユーザーが見にくくなるので、10ピクセル未満の文字を使う時点で、あまりよいデザインとは言えません。ただし、たとえば漢字のルビに小さな文字を使いたいケースなどもあるでしょう。そのような場合は、CSSのtransformプロパティを指定する方法で、強制的に縮小表示することが可能です Fig2 。

MEMO
どのような使い方をする場合でも、10ピクセル未満の指定をするときはコーディング担当者に確認を取るようにしましょう。

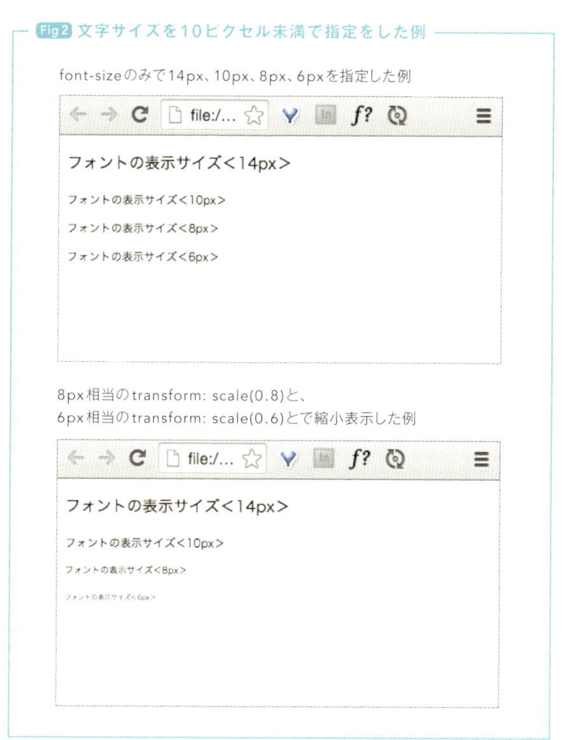

Fig2 文字サイズを10ピクセル未満で指定をした例

MEMO
transformで縮小すると、文字だけでなく、文字を囲む全体のボックスごと縮小されます。縮小の起点となる位置を「-webkit-transform-origin: 0% 0%;」で、左0、上0などの指定をしないと崩れてしまう可能性が高くなるので注意しましょう。

019 タイポグラフィへのこだわりはどこまでできる？

LEVEL

ひよっこ

デザイン上で文字をあつかう時、多くのデザイナーはタイポグラフィを意識していることでしょう。しかしWebデザインでは、あまり細かな設定をしすぎると実装が難しくなります。

こだわりすぎの文字は実装に労力がかかります。

Webの技術でできるタイポグラフィ

Webサイトでは、文字のグループ単位でサイズ、整列、文字間や行間を指定するのが一般的です。そのため、文字のタイポグラフィは、画像以外ではあまり実装できないと思った方がよいでしょう Fig1。

MEMO
ベースラインの調整などもCSSで可能ですが、設定が細かくなりすぎるので使いすぎに注意しましょう。

Fig1 Webで可能なタイポグラフィや加工例

POINT

- 文字の装飾にこだわるほどコードは肥大化する
- Webサイト上で指定できるのは行間や文字間程度と考えよう
- 文字ごとではなく単語や文章のグループ単位で指定

実際にどこまでタイポグラフィは再現できるか

よく使われるタイプの加工でも、こだわりすぎると実装が難しくなってきます。1つの加工を増やすだけで、裏のHTMLやCSSは数十文字も記述が増えていきます Fig2 。

Fig2 細かな加工を実装しようとするとどうなるか

一つのブロックや一部の単語などをまとめて指定した加工

FONTと書体とタイポグラフィ

実装するときのHTML例

```
<p><span class="font">FONT</span>と書体とタイポグラフィ
</p>
```

※1単語程度なら対応できる

一文字ずつ行う調整や加工

FONTと書体とタイポグラフィ

実装するときのHTML例

```
<p><span class="font">FONT</span>と<span class="shotai">
書体</span>と<span class="typo"><span class="check">タ
</span>イポグラフィ</span></p>
```

※指示が大量になり現実的ではない

MEMO
HTMLだけでなく、装飾するためのCSSも、加工が増えるほど記述が増えて膨大な指示と労力が必要になっていきます。

MEMO
Webフォントサービスの中には「FONTPLUS」などのように、文字詰め機能を使えるサービスもあるので、どうしてもタイポグラフィにこだわりたい場合はこれらを使用するのもよいでしょう。

DESIGN RULE

020 ロイヤリティーフリーの画像は本当に“フリー”？

LEVEL

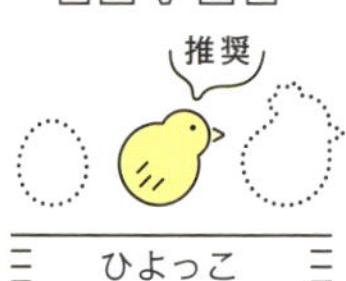

写真素材サイトなどの普及により、手軽にハイクオリティーな画像が使えるようになりました。ただし権利関係も含め、使用ルールは厳守しましょう。

「ロイヤリティーフリー」素材とは

たとえば写真では、カメラマンに対して「写真の権利」が発生します。その写真を使用したい場合、通常であれば使用料を毎回払います。この権利に対する対価を「ロイヤリティー」と言います。写真のほかにも、本やCDの売上に対して払われる印税や、特許使用料も同じ「ロイヤリティー」です。

写真などの権利が発生する素材について、「初回にお金を払って規約を守れば毎回の使用料（ロイヤリティー）を免除（フリー）する」のが、デザイナー御用達の「ロイヤリティーフリー素材」です。「フリー」という響きから無料素材のようにも聞こえますが、基本的には有料の素材です Fig 1 。

Fig 1 有料写真素材サイトの例

PIXTA
https://pixta.jp

Amana Images
http://amanaimages.com

起こりがちなやり取り

「ウチのページで使っている、御社が用意してくれた画像いいね！ チラシでも使いたいんで、元画像をちょうだい」

このようなやり取りは「再配布」に該当する可能性が高く、規約で禁止されているケースが多いので避けるべきでしょう。

MEMO
カタカナでは「ロイヤルティー」と表記する場合もあります（英: royalty）。

MEMO
使用の履歴を申請・管理して、それに応じたロイヤリティーを払う形式の素材は「ライツマネージド」と言います。

注意
「再配布の禁止」や「使用権の譲渡」などの文言で規約の禁止事項に定められている場合が多くあります。

「ロイヤリティーフリーの画像は本当に“フリー”？」
を理解してプロのWebデザイナーになるには

POINT

- 「ロイヤリティーフリー」は無料を意味する「フリー」ではない
- 「ロイヤリティーフリー」素材はどう使ってもよいわけではない
- 未加工素材の共有は規約に抵触する可能性大

直接元画像をやり取りしてしまうケースのほかにも、Photoshopのスマートオブジェクトや、Illustratorのリンク画像として未編集のデータがデータ内に存在しているケースがあり、無意識のうちに再配布状態になる場合もあります。規約の多くは「元データの再配布を禁止」しているので、サイズなどの加工がきちんと非可逆形式でなされていれば、ほぼ問題ありません。psd納品の場合、購入画像のスマートオブジェクトレイヤーをラスタライズしたり、一度縮小してからスマートオブジェクトを掛けておくとよいでしょう Fig2。

MEMO
制作会社が購入した画像をクライアントへの納品物として使用するのであれば問題はありません。

MEMO
スマートオブジェクトについてはP162を参照してください。

Fig2 知らずに「再配布」しないために

素材をダウンロードしたそのままの状態でなく、縮小してからスマートオブジェクトにするとよいでしょう（容量軽減にも貢献）。

規約をきちんと確認しよう

素材提供元の規約は様々です。素材の購入前に各提供元の規約をきちんと確認する習慣を身につけましょう。「ロイヤリティーフリー」画像であっても、毎回発生する報酬を放棄しているだけであって、権利をすべて放棄しているわけではありません。運営元の規約に従う必要がある点に留意し、上手に素材と付き合いましょう。

DESIGN RULE

021 CSSで表現できる範囲を踏まえてデザインしよう

CSSでの装飾は、その時々のブラウザ環境に依存する部分が大きく、すべての表現をすべてのブラウザで等しく表示はできません。ただ、表現方法のひとつとして何ができるかを覚えておくことは必要です。

広がり続けるCSSの表現

少し前までは、ブラウザによってCSSで表現できる範囲の差が大きく、デザインの背景やボタンなど、いたるところで画像を書き出して対応していました。しかし近年では、多くのブラウザがCSS3を基準に機能実装してきているため、画像を使わず、できる限りCSSなどの劣化せず汎用性の高い表現が使えるようになっています。以下に、CSSで比較的簡単に実装できる表現を紹介しておきます Fig1 ～ Fig7 。

MEMO
CSSで形を表現することで、内側に入る要素ごとに画像を書き出す手間も省けます。

Fig1 角丸

実装方法：border-radius

数値で指定するだけで角丸が可能です。四つの角それぞれを別のサイズの角丸にすることもできます。

Fig2 三角形

実装方法：border-width

線の幅を一定ではなく、四辺（上下左右）ずつ変えることで、三角形に見せることができます。

MEMO
三角形を表現するborder（線）は、あくまで線で表現する装飾なので、三角形の中にコンテンツを入れるようなデザインの場合は、背景画像など別の方法を使うことになります。

例）
border-width: 50px 0 50px 50px;

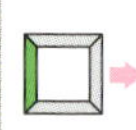

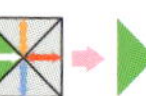

四角形のボーダー（線）を利用している

Fig3 フィルター

実装方法：filter

直接画像を処理せずに、CSS 上で彩度や明度、階調などの色設定や、ぼかし処理などを行うことができます。

POINT

- CSSで表現できる範囲を踏まえれば全体の効率が上がる
- 角丸、フィルター、シャドウなど、基本的なCSSは理解しておこう
- CSSの機能を理解することでデザインの幅も広がる

Fig4 透過

実装方法：opacity

要素やテキストなどを、透過させることができます。ただし、乗算などのレイヤー効果は再現できません。あくまで単純な透過のみです。

Fig5 シャドウ

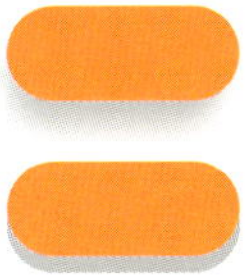

実装方法：box-shadow,text-shadow

ボックス形状のものや、テキストに影をつけることができます。影のつけ方は色、濃度、x/y軸の距離、ぼかし強度などを設定できます。ぼかしをなくして立体のように見せることもできます。

Fig6 変形・回転・移動・アニメーション

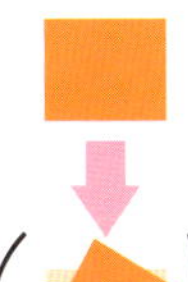

実装方法：transform,animation,transition

角度を変えたり、変形、移動させたりできます。アニメーションと併用することで、ロールオーバー時に回転させたり、伸び縮みするような動きも可能です。

Fig7 マスク

実装方法：clip

クリップの詳細を指定することで、楕円や台形などの複雑なマスクをかけることもできます。

MEMO
CSSの表現は広がっていますが、まだIllustratorなどのデザインツールほどの緻密な表現はできません。アニメーションなどはとくに、実現可能かどうか事前に確認をするようにしましょう。

DESIGN RULE

022 ロールオーバーやデバイステキストはレイヤーで管理しよう

LEVEL

同じ平面であっても、紙の印刷物とは違い、Webサイトは「状況に応じて変化」するという特性があります。デザインをその変化ごとに作成し、どのパーツがどこに対応しているかわかりやすくしておきましょう。

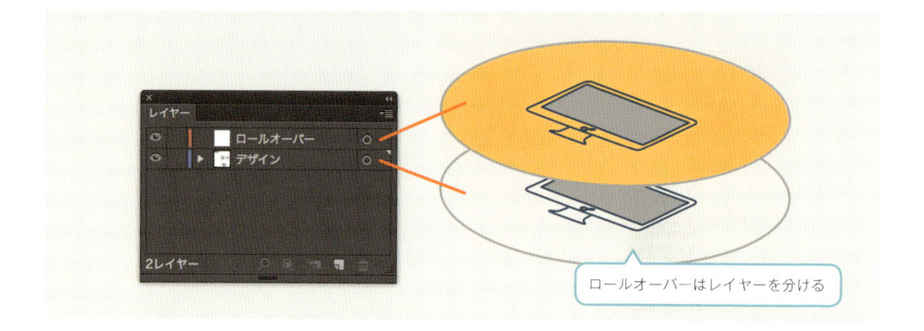

レイヤーを使わないデザインデータは困る

ボタンやテキストにマウスをのせた際に変化するロールオーバー（hover）は、平面でありながら見た目が変化するWebデザイン独特の表現です。このような通常時と可変時で、同じ場所にいくつかのデザインが必要な場合はレイヤーをうまく活用しましょう Fig1 Fig2。アラートやコンテンツを浮かび上がらせて表示するようなモーダルウィンドウや、画像やアイコンなどのデザインではなくテキストとして挿入するデバイステキストも同様です。

これらをデザインデータ上でしっかりと管理していない場合、デザインアプリケーションに詳しくないコーディング担当者を迷わせることになります。デザインされたテキスト部分と、デバイステキストの違いは特にわかりにくいので、指示をしっかり入れておくか、またはレイヤーごとに「デバイステキスト」「デザイン」などで分けておくことで、スムーズなやりとりが可能になります。

MEMO
Illustratorなどで「隠す」機能などを使って一時的に見えなくするデザインは、コーディング担当者には伝わりません。必ずレイヤーを使うようにしましょう。

用語
[モーダルウィンドウ] アラートやコンテンツを浮かび上がらせて小窓で表示する表現。ユーザーに注意を促したい場合などで使用されます。

用語
[デバイステキスト] デバイス（機器）にインストールされているフォントを使って表示するテキスト。

POINT

- Webは状況に応じた変化があるので1枚の画像では表現しきれない
- ロールオーバーやモーダルウィンドウなどはすぐにわかるように管理する
- Illustratorはレイヤー管理、Photoshopはレイヤーのグループで管理

Fig1 Illustratorでのレイヤー分けの例

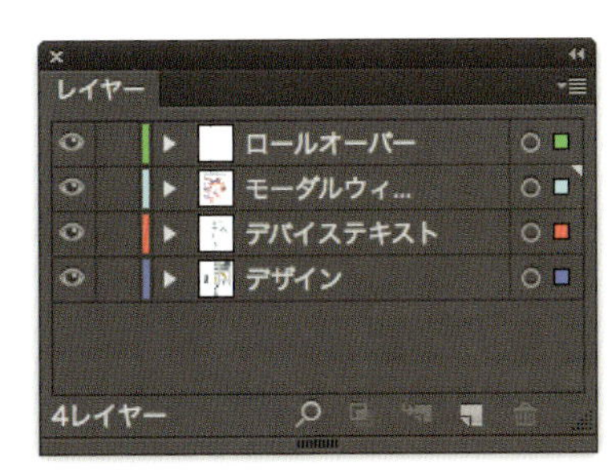

レイヤーの使用頻度がとくに高いのはロールオーバーです。それ以外も、モーダルウィンドウや、デバイステキストなども、レイヤーで区別するようにしましょう。

Fig2 Photoshopでのレイヤー分けの例

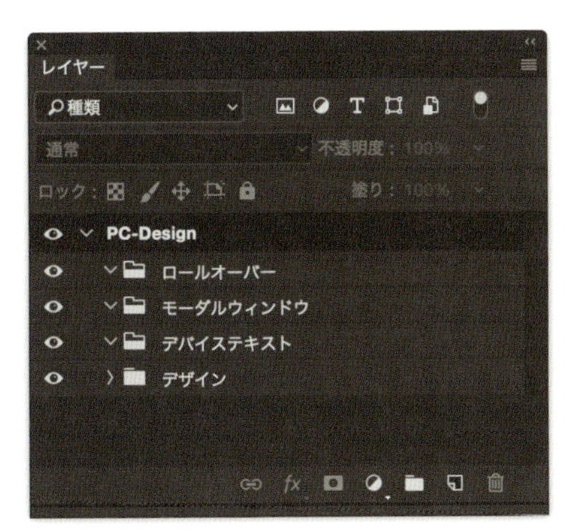

Photoshopでも同じようにレイヤーを分けます。こちらはレイヤーのグループ機能を活用して、複数のレイヤーをグループ単位で管理するとよいでしょう。

MEMO
HTMLでのマークアップをイメージして、コンテンツのパーツごとに「header」、「footer」「main column」などのレイヤーを分けてあげると、さらにわかりやすくなります。

MEMO
Photoshopにおけるレイヤー管理についてはP142を参照してください。

注意
グループ化しすぎるとエラーが出るので注意しましょう。

023 レスポンシブWebデザインの基本を知ろう

LEVEL

ひよっこ

レスポンシブWebデザインはあくまでひとつの技術として取り入れるもので、必須ではありません。コンテンツの多い情報系サイトや、デバイスにより内容を変化させたいサイトには向いていないと言えます。

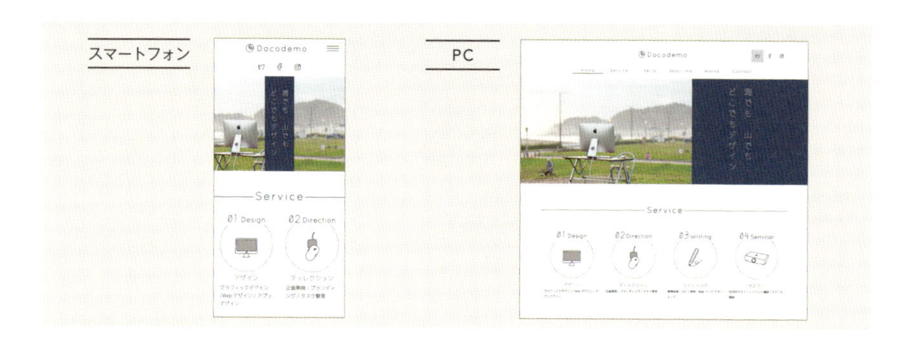

レスポンシブWebデザインってなに？

近年のWebデザインの主流となっているレスポンシブWebデザインは、次々と新たなデバイス（機器）が増える中で、それらに柔軟に対応するために考えられた手法です。

新しい機器や端末が増えれば、当然画面サイズ増えていきます。しかし、新しいサイズが出るたびにWebサイトを作り直した

Fig 1 レスポンシブWebデザインの考え方

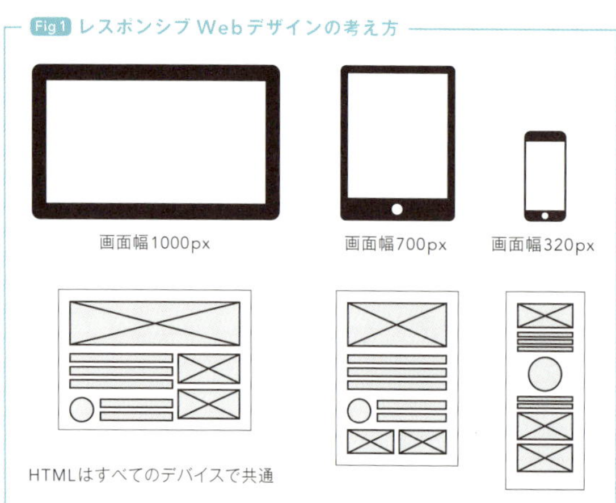

MEMO
レスポンシブはresponsive（反応のよい）という意味です。稀にレスポンシブルと発音している人がいますが、それだとresponsible（責任）という意味になってしまうので、誤用となります。

POINT

- レスポンシブWebデザインは、増えていく画面サイズに対して柔軟に対応するための手法
- 画面サイズによりレイアウトやサイズを%で指定することで可変にしている

り、それぞれのサイズ別に制作するには限界があります。

そこで、すべてのサイズで汎用的なデザインを行おう、というのがレスポンシブ Webデザインです Fig1 。

サイズ別にどうやって指定しているの？

レスポンシブ Webデザインは「リキッド」、つまり可変式にレイアウトを指定するのが主流です。可変式とは、パーセント（%）でサイズ指定し、「画面全体の50%で画像を表示」とすることで、どんな画面でも50%、つまり、1000ピクセルの画面であれば500ピクセル、500ピクセル画面であれば250ピクセルという幅の指定をしています Fig2 。

Fig2 画面幅によって変更する例

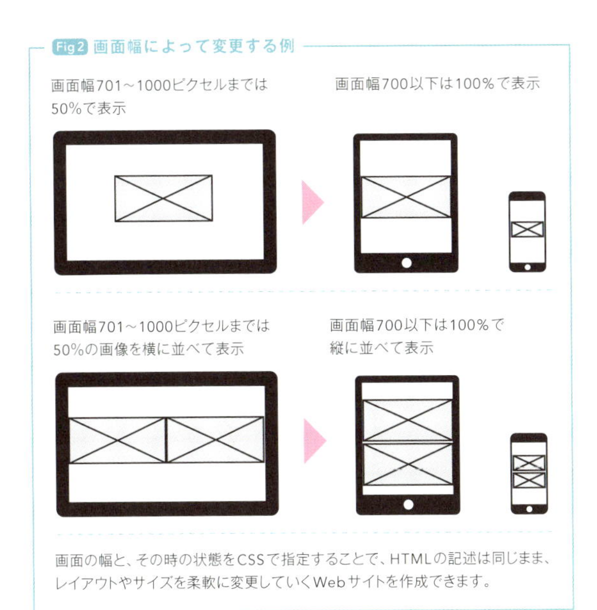
画面幅701～1000ピクセルまでは
50%で表示
画面幅700以下は100%で表示
画面幅701～1000ピクセルまでは
50%の画像を横に並べて表示
画面幅700以下は100%で
縦に並べて表示

画面の幅と、その時の状態をCSSで指定することで、HTMLの記述は同じまま、レイアウトやサイズを柔軟に変更していくWebサイトを作成できます。

MEMO
具体的なCSSを例に挙げると@media screen and（max-width: 320px）=「ウィンドウサイズが320ピクセル以下の場合に適用」といった指定を複数使い、それらに加えて%での指定を活用して構築していきます。

DESIGN RULE

024 基本の文章構造にあわせた設計をする

LEVEL

プロ未満

HTMLを意識したデザインはSEOの面から見ても大切です。Webデザインは見た目だけでなく、タイトルやコンテンツの構造も意識してデザインするように心がけましょう。

HTMLの基本的な文章構造

HTMLは人だけでなく、コンピュータなどにもわかるように構造を示すものです。そしてその構造にはルールがあります。デザインから入ってしまうと、この構造がおかしくなることもあるので注意しましょう。

基本的な構造として、絶対に外せないのがタイトルと本文（コンテンツ）の関係です。タイトルの後にコンテンツが来るのが正しい流れです Fig1。しかし、まれにタイトルとコンテンツの関係が不明瞭なデザインも見かけます Fig2。

Fig1 タイトルとコンテンツの関係が明確なデザイン例

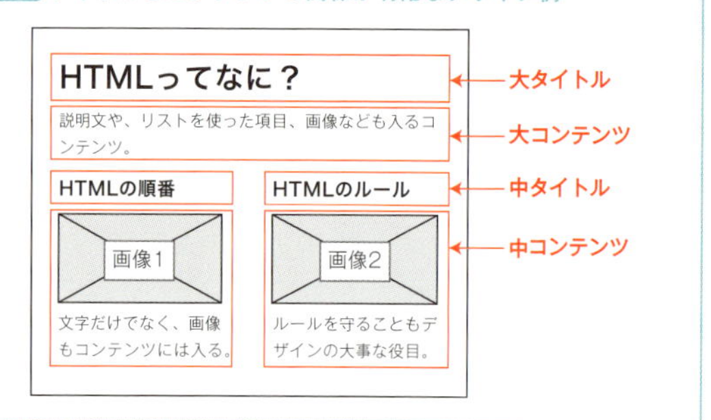

Fig2 タイトルとコンテンツの関係が不明瞭なデザイン例

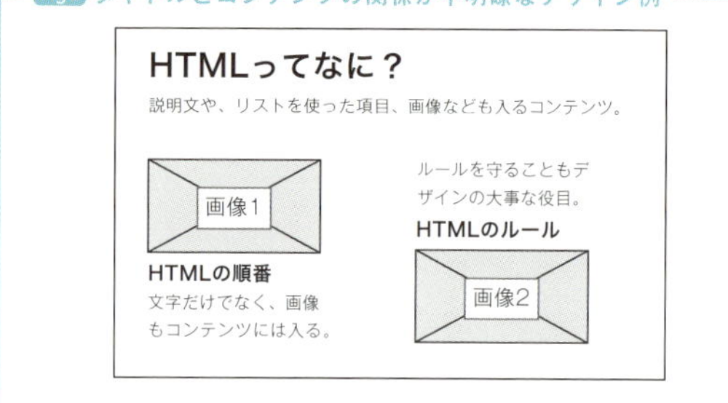

MEMO
例で見ると大げさに見えるかもしれませんが、印刷物などのグラフィックデザインではよく見かけるレイアウトです。

POINT

- HTMLの文章構造に沿ったデザインを心がける
- レイアウトで工夫したい場合は必ず内容の意図や関係を説明
- タイトルのないデザインは原則禁止

不明瞭なデザインをそのまま簡易的なHTMLで表現するとどうなるか見てみましょう。文章構造上は要素を上から見ていくのでFig3のような順番になります。

Fig3 HTMLの例

```
<section>
<h1>HTMLってなに？</h1>  ← 大タイトル
<p>説明文や、リストを使った項目、画像など
も入るコンテンツ。</p>  ← 大コンテンツ
<div>
<img alt="画像1"/>  ← 中コンテンツ画像1
<h2>HTMLの順番</h2>  ← 中タイトル1
<p>文字だけでなく、画像もコンテンツには入る。  ← 中コンテンツ文章1
</p>
</div>
<div>
<p>ルールを守ることもデザインの大事な役目。  ← 中コンテンツ文章2
</p>
<h2>HTMLのルール</h2>  ← 中タイトル2
<img alt="画像2"/>  ← 中コンテンツ画像2
</div>
</section>
```

この場合、「中コンテンツ画像1」は、「中タイトル1」よりも先にあります。また「中コンテンツ文章2」も、「中タイトル2」より先にあり、タイトルとコンテンツの関係性がおかしくなっているのがわかります。

人の目で見ればわかるデザインでも、文章構造に直したときに、それが適切でない場合もあります。ここは本来であれば「タイトル→コンテンツ文章 or コンテンツ画像」という流れが、パターンとして入っていなければいけません。

またごく稀に、デザイン上にタイトルがないまま、コンテンツ要素だけを並べてしまっている例も見かけます。Webデザインでは、見てわかるようにタイトル、コンテンツの順番をレイアウトするようにしましょう。

MEMO
CSSを工夫すれば、正しい文章構造でもレイアウトを変更することができます。ただ、見た目上の順番を変えるレイアウトの場合は、必ずコーディング側と相談しましょう。

MEMO
どうしてもタイトルの不要なデザインの場合は、「見えないタイトル」を入れることもできるので、相談してから決めるようにしましょう。

DESIGN RULE

025 簡単なアイコンには Webアイコンフォントが使える

Webフォントの技術を応用したWebアイコンフォントは、Retinaディスプレイなどの高解像度にも簡単に対応できるため、現在のWebデザインでは頻繁に使用されています。

文字だけじゃないアイコンのフォント

Webではアイコンをフォント化、つまり1つの文字として使う技術があります。これをアイコンフォントといいます。これはIllustratorなどで「でんわ」とタイプして「☎」に変換するのと似ています。Webの場合は、意味のある文字を変換するのではなく、特定の文字列にアイコンを割り当てているだけなので、その文字列を人が読んでも解読はできません。また一般的には既存のWebアイコンフォントサービスを利用することが多いのが特徴です Fig1。

Fig1 代表的なWebアイコンフォントサービス

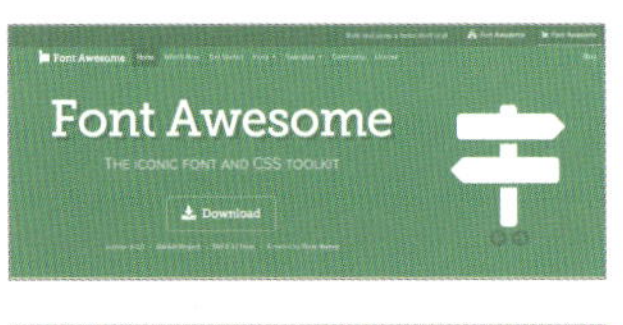

Font Awesome
http://fortawesome.github.io/Font-Awesome/

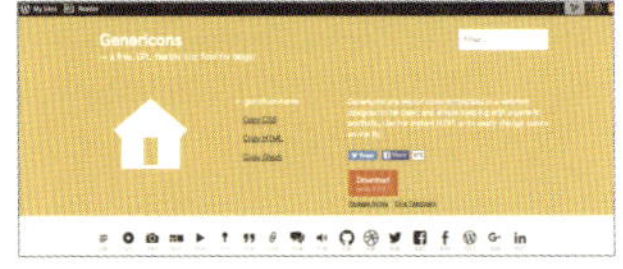

Genericons
http://genericons.com/

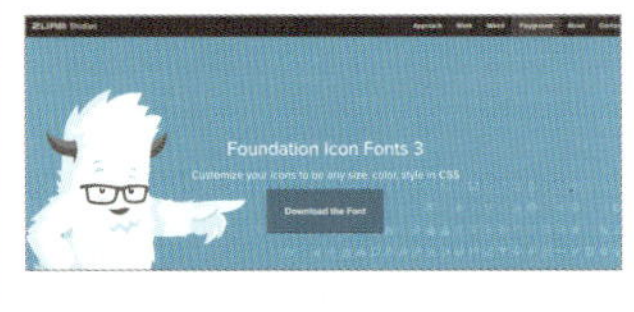

Foundation Icon Fonts 3
http://zurb.com/playground/foundation-icon-fonts-3

IcoMoon
https://icomoon.io/

MEMO

データとしてはフォントと同じあつかいなので、Webアイコンフォントを利用すると、サイズごとに画像として書き出す手間や高解像度への対応が不要になります。

POINT

- Webアイコンフォントをデザインに取り入れてみよう
- Webアイコンフォントを提供するサービスは多種多彩
- 解像度を気にしないアイコンフォントは使い回しが便利

Web アイコンフォントの使い方

基本的な使い方はどのサービスでもほぼ同じです。まずはWebフォントサービスのサイトに行き、フォントや、フォントと一緒になっているWeb用のセットをダウンロードします Fig2。

Fig2 ダウンロードしたセットの例（Genericons）

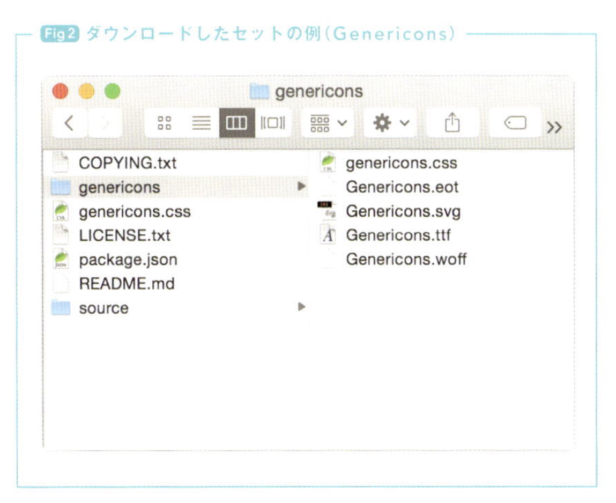

Webサイト内で使用する場合、使い方は各フォントサービスにより多少の違いはありますが、ほとんどはCSSやHTMLに専用の記述をすることで表示されます。

PCでWebアイコンフォントを使用する

PC（ローカル）でアイコンフォントを使用する場合は、フォントをダウンロードしたファイルの中に、通常のフォントと同じ「.ttf」や「.otf」といったファイル形式があるので、それらをPCのフォントフォルダへ入れて使用します。しかし、アイコンフォントは通常の文字とは違うので、テキストを打ち込んでもアイコンは表示されません。そこで、サービスの中にあるアイコンのコピー用の記述を利用します。

Font Awesomeの場合

Font Awesomeにはチートシートが用意されています。このなかのアイコン部分をコピーして、Illustratorなどに移動し、ペーストしてみましょう。

フォントが「FontAwesome」以外のときはエラーマークのようなものが出ますが、文字パネルでフォントを「FontAwesome」に変更してあげれば表示されます Fig3。

URL
Font Awesome チートシート
http://fortawesome.github.io/Font-Awesome/cheatsheet/

Fig3 文字フォントを「Font Awesome」に変更

Genericonsの場合

サイトの下部にある一覧から、使用したいアイコンをクリックすると、最上部のアイコンが変更されます Fig4。変更後に「Copy Glyph」をクリックすると、コピー用のテキストが表示されます。この際もエラーのように表示されますが、そのままコピー&ペーストをして、フォントを「Genericons」に変更すれば問題ありません。

Fig4 「Genericons」のサイトからコピー用のテキストを取得

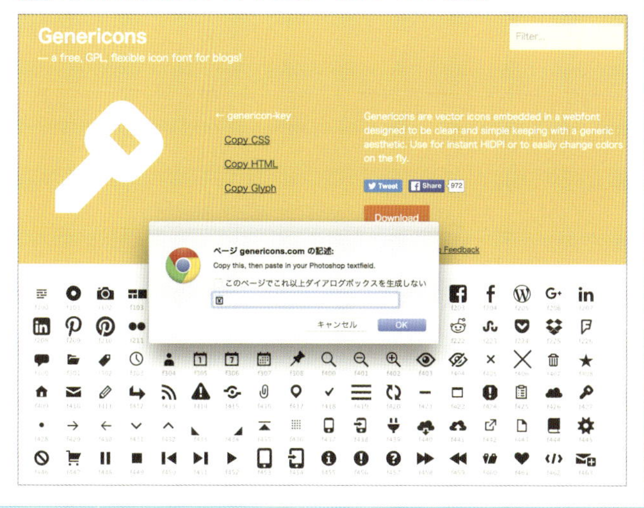

Webアイコンフォントのメリット

Webアイコンフォントのメリットは、フォントと同じベクターデータであることです。Illustratorなどと同様なので、拡大・縮小しても画質が落ちることはありません Fig5 。

またサイズや色の指定なども、通常のフォントと同じようにCSSで記述できるので、色違いのアイコンを一つずつ用意することもなく、使い回しが非常に簡単です。

Fig5

注意
Webアイコンフォントはあくまでフォントなので、一般に複数の色を使った多色アイコンは表現できません（Stackicons[http://stackicons.com/]など一部のWebアイコンフォントでは多色アイコンが表現可能です）。

026 スマートフォンの向きで起こる問題に注意する

LEVEL

プロ未満

PCでモニタの向きを頻繁に変えることはまれですが、スマートフォンやタブレットでは当たり前の動作です。向きを変えると縦横比が大きく変化するので、デザインや動作に問題がないか注意しましょう。

スマートフォンやタブレットの向き

スマートフォンやタブレットは、向きを縦や横へと自由に変更して閲覧することができます。Webデザインでは通常は縦向きでデザインすることが多いようですが、横向きの時にどう処理するかについても事前に考えておく必要がります。

よくある対応方法

アプリなどでは、そもそも横向きの動作を禁止してしまう方法もあります。またWebサイトでは幅を固定してそのまま拡大する場合も多く、作業や工数を減らせることが大きな利点です Fig1 。

Fig1 そのまま拡大する

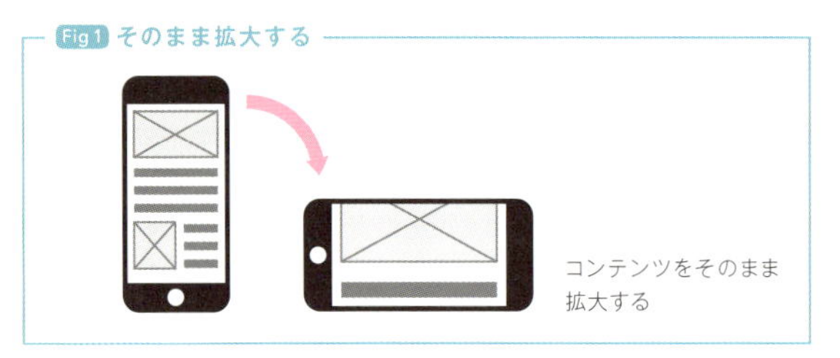

コンテンツをそのまま拡大する

もっともスマートな方法は、横向きにしても崩れないよう、レスポンシブWebデザインで組んでしまうことです Fig2 。

Fig2 回転を許可

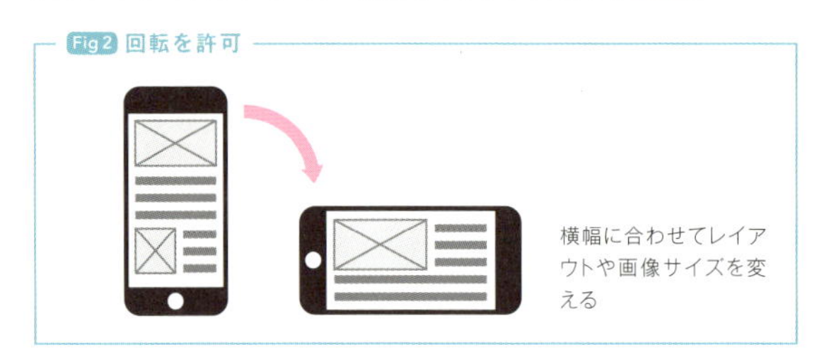

横幅に合わせてレイアウトや画像サイズを変える

MEMO
画面サイズのコントロールはHTMLのviewportで指定できます。

注意
レスポンシブで作成していると、横向きのときに余白が出てしまうことがあります。横向きを許可するか、許可した場合の挙動はどうするかを決めておきましょう。

POINT

- 横向きはサイズ固定かレスポンシブでの対応が簡単な方法
- 横向きの時の表示崩れは様々なパターンがあるので検証する
- 問題が起きたときはコーディング側での調整も必要

横向きにした時に起こる問題点

縦をベースにデザインしていると、横向きにした際に問題が起こりやすくなります。Fig3によく見られる失敗例をあげるので、デザインする際の注意点としてチェックしてください。

Fig3 横向きで起きる主な問題

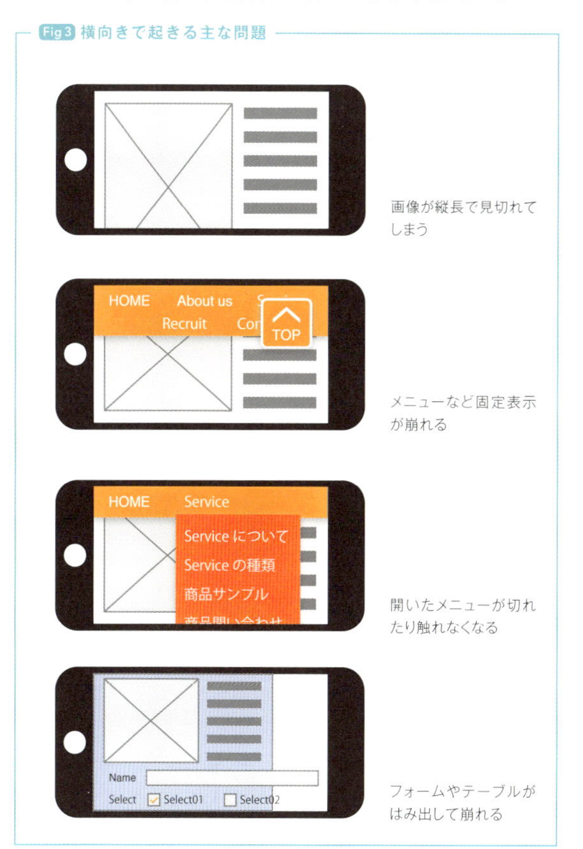

画像が縦長で見切れてしまう

メニューなど固定表示が崩れる

開いたメニューが切れたり触れなくなる

フォームやテーブルがはみ出して崩れる

注意
固定部分だけでなく、JavaScriptで動きを制御している場合や、画面の縦位置を取得して発火（作動）するプログラムを組んでいる場合は、挙動がおかしくなる可能性が高いので注意しましょう。

MEMO
それぞれコーディングが大きく関係するので、デザインとあわせて相談するようにしましょう。

DESIGN RULE

027 対象の端末・OS・ブラウザを決めておく

LEVEL

プロ未満

多くの閲覧環境すべてに綿密に対応するのは困難です。あらかじめ、閲覧対象外の端末やOS、ブラウザを決めておき、実機とエミュレーターで上手に検証しましょう。

すべての環境で同様に表示させるのは不可能

Webサイトは、PC・スマートフォン・タブレットの機種によって画面サイズや解像度が異なります。たとえ同じ機種であっても、アップデートなどにより、搭載されているOSや使用しているブラウザが異なる可能性もあります。

これらすべての機種とOS、各種ブラウザの表示を実機で確認検証し、対応するのは物理的に不可能です。

「作業前」に「対象にならない環境」を決めよう

そこで、作業の「着手前」にクライアントやチームの中で、閲覧の対象にならない環境を決めておきましょう。あらかじめ文書で取り決めを行わないと、コーディングが終わった後で、

クライアント：「○○（古い機種名）で見たらちょっと違う」
あなた：「それは古い機種なので……」
クライアント：「そんなことは話にない。対応して！」

というやり取りに発展してしまいます。

たとえば、対象とする環境は発売・リリースから2年以内とし、その後は全体のシェアなどを見ながら判断するような取り決めを行っておくとよいでしょう。また、クライアントに対しては、本件以外にも、色やフォント、文字数や改行位置など、閲覧者の環境によって左右される要素について必要に応じて説明しましょう。

MEMO
OSやブラウザのバージョンによっては、HTML、CSS、JavaScriptなどの動作のバグが一部存在します。

MEMO
具体的には「Safari、Firefox、Chrome、MS Edgeなどの各最新ブラウザ、およびIE9以上」や、「Android4.2.x（Jelly Bean）以上の標準ブラウザ」「iOS8以上の標準ブラウザ」など、最低ラインをあらかじめ決めましょう。

POINT

- すべてのデバイスやOS、ブラウザを検証することは不可能
- 作業前に対象にならない環境を決めて共有
- まずは実機での検証を。補助的にエミュレーターを使うのも一案

実機とエミュレーターを上手に使って検証を

作ったサイトを検証するには、実際の環境（デバイス・OS・ブラウザ）で検証するのが一番です。スマートフォンやタブレットは実機での検証が推奨されますが、前述したように、すべてを実機で検証するには限界があります。そこで、各ブラウザのデベロッパーモード Fig1 や、エミュレーターなどを利用しましょう。擬似的に表示・検証していくだけでも、作業の助けになるはずです。

どうしても実機検証が必要な場合、実機を揃えている各種検証センターに行く方法も検討しましょう。

MEMO
どこまで対応するのか、というのはスマートフォンやタブレットだけではなく、古いInternetExplorerなどのPCのブラウザに対しても共通する考え方です。

MEMO
Andoroid用のエミュレータにはGenymotion（https://www.genymotion.com/）、実機検証サービスにはremote testkit（https://appkitbox.com/testkit/）などが存在します。

Fig1 Chromeのデベロッパーツール

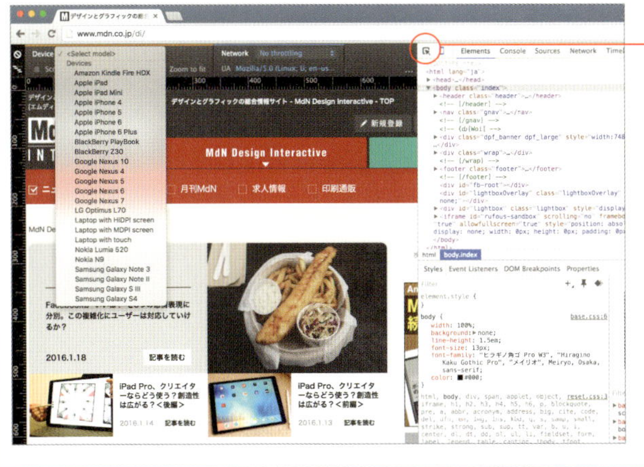

モバイルアイコンをクリックして、各種デバイスで擬似的にプレビューできる。
［表示］→［開発／管理］→［デベロッパーツール］

DESIGN RULE

028 スマートフォンのピンチ操作に注意

LEVEL

プロ未満

画面の向きと同様に、ピンチアウト・ピンチインもデザインが崩れる大きな原因のひとつです。コーディング後に発覚することが多いですが、その時にすぐ指示が出せるように考えておきましょう。

タッチパネル独自の操作「ピンチアウト＆イン」

スマートフォンやタブレットでは通常、画面の拡大にピンチアウト、縮小にピンチインという操作を行います Fig1 。この操作も、画面の向きと同様に表示崩れを引き起こしやすいので注意しましょう。

Fig1 ピンチアウト・ピンチイン

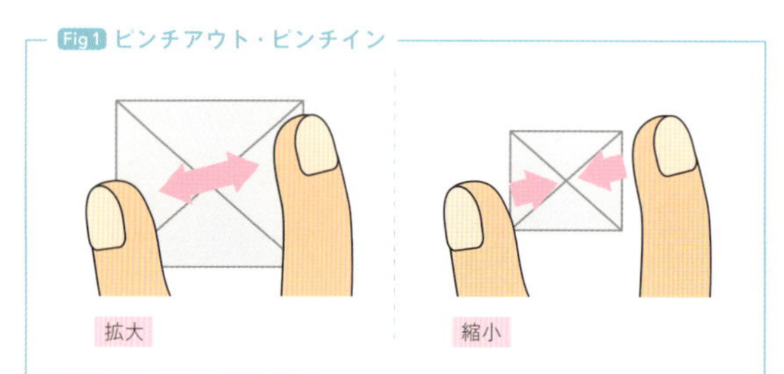

ピンチアウトした時に起こる問題点

ピンチアウトで画面を拡大する時の問題は、ほとんどはサイズ指定からくるレイアウト崩れです Fig2 。

Fig2 ピンチアウトで起こる問題

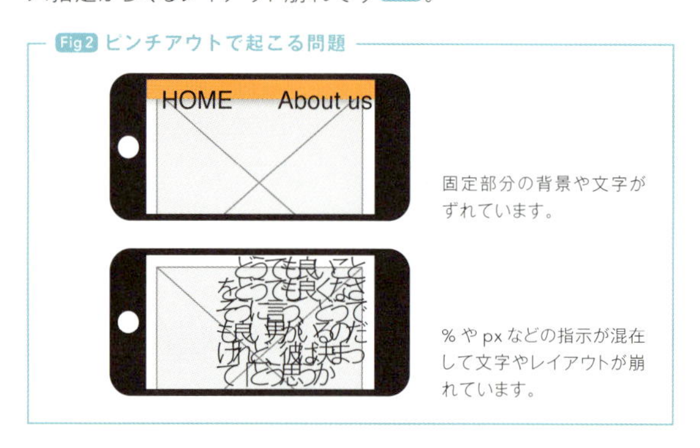

HOME
About us
固定部分の背景や文字がずれています。
%やpxなどの指示が混在して文字やレイアウトが崩れています。

注意

スマートフォンの拡大・縮小はピンチだけではありません。ダブルタップなどでも拡大することができます。ただし、拡大の動きは環境により様々なので、あまりこだわりすぎると実装が困難になります。

POINT

- ピンチ操作は固定することもできるので事前に決めておく
- ピンチアウト&インができないと読み（見え）にくい人もいる
- どこの拡大を許可し、どこを拡大禁止にすると崩れないか考える

ピンチアウト＆インを許可するかどうか

対策としては、ピンチをさせず固定してしまう方法もあります。こちらも画面の向きと同様に、viewportの設定で対応可能です。しかし、ピンチを固定してしまうと、デザインの本質である「見やすさ」を損なってしまうおそれがあるので、どこまで許可するか、どのように動くかなどを考えておくとよいでしょう Fig3 。

Fig3 ピンチの対応例

固定だと画像や文字が
拡大できないから
見にくい……
対応例
HOME
About us
固定部分だけ
拡大させない例
特定のページや画像部分
だけ拡大を許可した例

MEMO
これらのアイデアは、CSSやHTMLだけでは実装が難しいものもあるので、JavaScriptなどのプログラムで対応できるか相談してみましょう。

DESIGN RULE

029 title要素・meta要素・alt属性に設定する情報も検討しよう

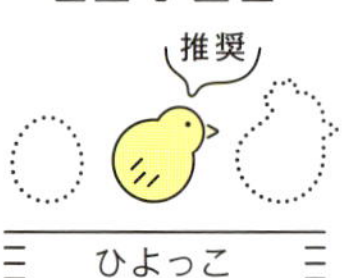

プロジェクトによっては、デザインとは異なるtitle要素やalt属性、meta要素などの"情報"についても一考が必要です。必ずしもデザイナーが指定するものではありませんが、注意は怠らないようにしましょう。

Webサイトを作る上で考慮は必須

titleやaltなど、ビジュアルデザイン以外の情報を考慮するのもWeb制作者の重要な仕事です。これらの決定・指示はデザイナー以外が行う場合もありますが、このページで紹介する3項目はSEOを意識する上でも重要な要素なので、指示忘れや指定漏れがないように、デザイナー側も注意すべきでしょう。

meta要素の「description」はページごとに設定

検索エンジンで表示される概要説明のテキストは、meta要素の中の"description（説明）"を記載することで表示されます。同一のWebサイトであっても、ページごとに概要をきちんと説明（設定）しておきましょう。

では、実際にtitle要素とdescriptionを設定した例と、検索エンジン上での表示について確認してみましょう Fig1 Fig2。

MEMO
情報の指定は、ディレクターが指定、マークアップ担当者に一任、SEOコンサルタントが添削するなど、様々なケースがあります。

MEMO
SEOの観点からは、ページタイトル（title要素）は単語の羅列ではなく、最大30文字程度の文章が望ましいです。

POINT

- title要素とdescriptionはSEOにも重要。ページごとに書き換えよう
- 画像を識別しない環境もあるのでalt属性は的確なものを入れる
- デザイナーが指定するとは限らないが、これらの設定を忘れずに

Fig1 設定例

```
<title> テクニック＆デザインのご紹介 | Web デザイン株式会社 </title>

<meta name="description" content="Web デザインに関わる人の
ために Web デザインのテクニックを紹介するサイトです。
国内の参考となるサイトをセレクトしています。">
```

HTMLでtitleとdescriptionを指定してページの内容を説明。

Fig2 検索エンジン（GoogleやYahoo!など）での表示例

テクニック＆デザインのご紹介 | Web デザイン株式会 ...
photoshop.webdesign-coltd.com/blog/
Web デザインに関わる人のために Web デザインのテクニックを紹介するサイトです。国内の参考となるサイトをセレクトしています。

titleとdescriptionの内容が検索結果へ反映されます。

img要素に対するalt属性を考えよう

イメージ（画像）を挿入する際のalt属性も大切です。音声ブラウザなどの<img>を画像として表示しない環境に対しては、その<img>がどのような画像なのかをaltで明確に示す必要があります。

たとえば、りんごの画像が表示されている場合、altの入れ方として望ましい例としてはFig3の3番目です。

MEMO
alt属性は次節で説明するアクセシビリティにも関連します。また、検索エンジンのロボットに対してもこれが該当します。ただし、掲載順位や結果をaltが大きく左右するかは曖昧な部分もあります。

Fig3 alt属性の例

	コード	説明
×	`<img src="image.jpg" alt="" width="300" height="200" />`	altにテキストがない
×	`<img src="image.jpg" alt=" 画像 " width="300" height="200" />`	何の画像かわからない
○	`<img src="image.jpg" alt=" 輪切りのりんご " width="300" height="200" />`	「輪切りのりんご」であることがわかる

alt属性は画像を目視しなくても内容がわかるテキストがよいでしょう。

DESIGN RULE

030 そのデザインは見えないかも？ Webデザインのアクセシビリティ

LEVEL

プロ未満

本来、Webのアクセシビリティは見た目だけではなく、裏側のコードも重要な要素です。デザイナーはまず見た目で可能な限り対応できることを考えておくとよいでしょう。

誰でも使えるサイトになるように

アクセシビリティとは、その言葉の通り、アクセスのしやすさ、わかりやすさを表しています。IT化が進む近年、健常者だけではなく、誰にでも伝わり、誰でも使えるように考えることが重要となります。

このような、Webアクセシビリティを考えるには、Web Content Accessibility Guidelines (WCAG) 2.0というガイドラインを基準にするとよいでしょう。WCAG2.0 Fig1 では、さまざまな障害を持つ人に対して、どのように考えていくべきかが記述されています。

Fig1

W3C Recommendation

【注意】 この文書は、2008年12月11日付の W3C 勧告「WCAG 2.0」（原文は英語）を、情報通信アクセス協議会の「ウェブアクセシビリティ基盤委員会 (WAIC)」が翻訳と修正をおこなって公開しているものです。この文書の正式版は、あくまで W3C のサイト内にある英語版であり、この文書には翻訳上の間違い、あるいは不適切な表現が含まれている可能性がありますのでご注意ください。

この文書内にあるリンクのうち、「Understanding WCAG 2.0」と「Techniques for WCAG 2.0」へのリンクについては、WAIC の公開する日本語版にリンク先を追加しています。WAIC の日本語訳は、W3C の公開する英語版より内容が古い可能性がありますのでご注意ください。

[目次]

W3C

Web Content Accessibility Guidelines (WCAG) 2.0

W3C 勧告 2008年12月11日

このバージョン:
http://www.w3.org/TR/2008/REC-WCAG20-20081211/

最新バージョン:
http://www.w3.org/TR/WCAG20/

前のバージョン:
http://www.w3.org/TR/2008/PR-WCAG20-20081103/

編集者:
Ben Caldwell, Trace R&D Center, University of Wisconsin-Madison
Michael Cooper, W3C
Loretta Guarino Reid, Google, Inc.
Gregg Vanderheiden, Trace R&D Center, University of Wisconsin-Madison

Web Content Accessibility Guidelines (WCAG) 2.0
http://waic.jp/docs/WCAG20/Overview.html

MEMO
ウェブアクセシビリティ基盤委員会が公開しているJIS X 8341-3:2010を基準にチェックするのもよいでしょう。
http://waic.jp/docs/jis2010/

POINT

- Webデザインはすべての人に使えるように考える
- 画像だけに頼った情報伝達は避けた方がよい
- 色などの見た目に対するチェックはすぐにできる

どんなところを考えればよい？

デザイナーとして具体的にどのような部分に注意していけばよいか、いくつか例をあげていきましょうFig2〜Fig7。

Fig2 コントラストが低い

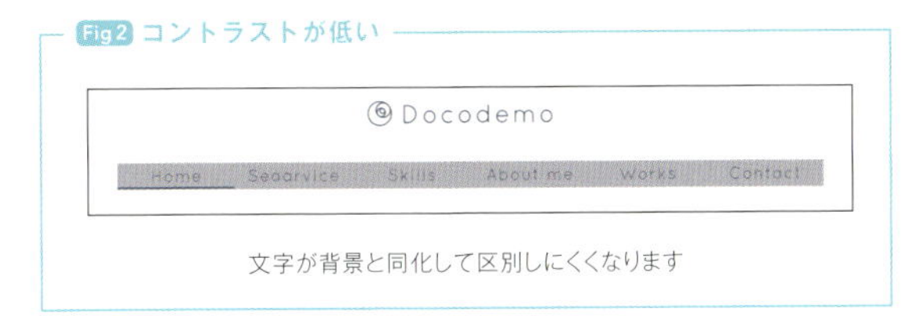

文字が背景と同化して区別しにくくなります

Fig3 文字が小さい

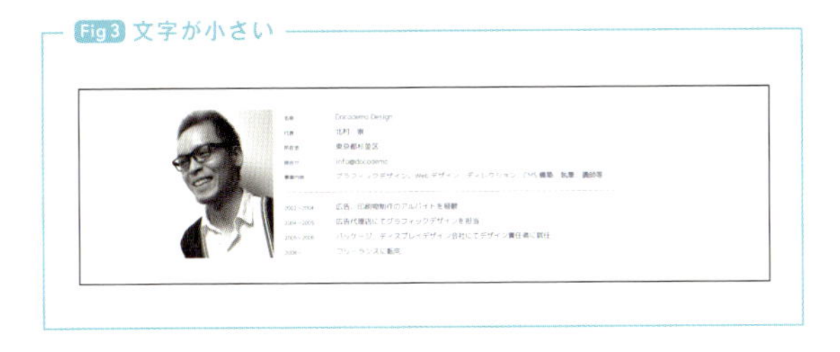

Fig4 色名がない

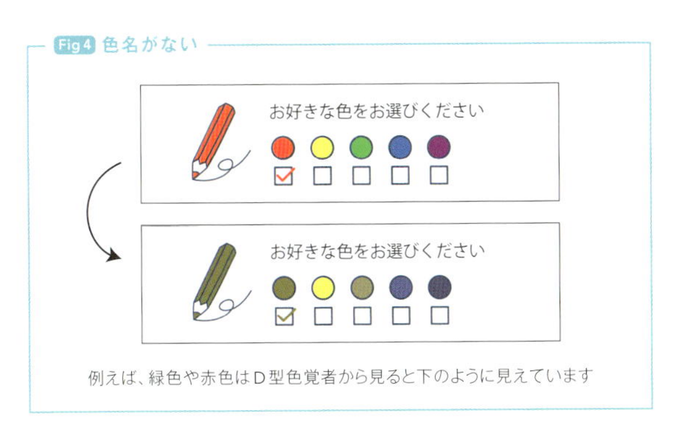

例えば、緑色や赤色はD型色覚者から見ると下のように見えています

MEMO
コントラストはグレースケールにするとわかりやすくなります。Photoshop上でグレースケールにしたり、ブラウザのプラグインなどで確認してみるとよいでしょう。プラグインの例としては以下のものがあります。

Chrome/(un)clrd
https://chrome.google.com/webstore/detail/unclrd/pjahllgfmfgobhbkjiaohonjejpnkfkh?hl=ja

MEMO
通常のテキストはChromeの最小サイズ10ピクセルまでと考えておきましょう(P048参照)。

DESIGN RULE

030 そのデザインは見えないかも？Webデザインのアクセシビリティ

Fig5 拡大縮小ができない

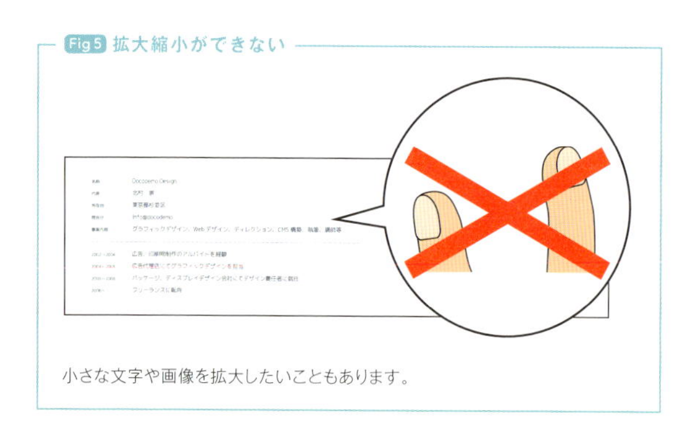

小さな文字や画像を拡大したいこともあります。

MEMO
一部だけでも拡大できるようにしておくと、アクセシビリティは向上します。

Fig6 図や絵にたよっている

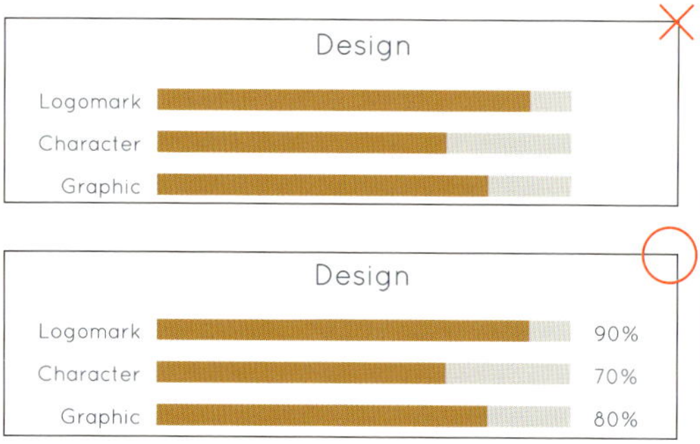

×

Design

Logomark
Character
Graphic

○

Design

Logomark 90%
Character 70%
Graphic 80%

画像でグラフだけ表示しても、視覚障がいのある人には伝わらない可能性が高いでしょう。

MEMO
資料で作成したグラフなどをそのまま貼り付けるのは厳禁です。

Fig7 どれがリンクかわからない

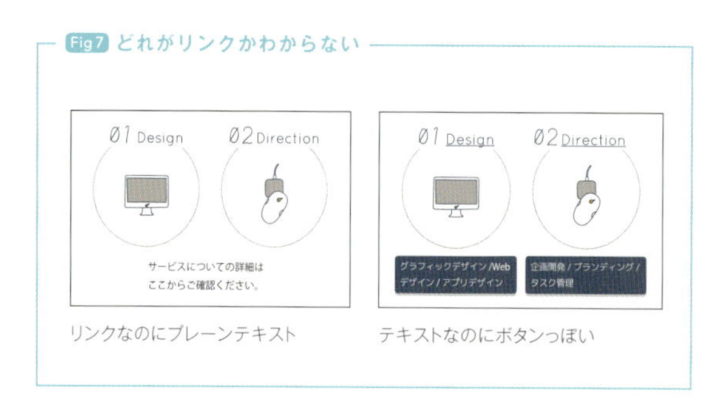

リンクなのにプレーンテキスト

テキストなのにボタンっぽい

MEMO
ボタンはよりボタンらしいデザインにすることで、ユーザーのストレスを軽減できます。

Photoshopでの色チェック

色の見え方のチェック方法はいくつかあります。Photoshopには色覚異常のうち、人口の多いP型色覚、D型色覚の人から色がどのように見えるかを簡単にチェックできる機能があるので、ぜひ使ってみてください Fig8 。

Fig8 Photoshopの色弱チェック機能

カスタム...

作業用 CMYK
作業用シアン版
作業用マゼンタ版
作業用イエロー版
作業用墨版
作業用 CMY 版

以前の Macintosh RGB (ガンマ 1.8)
インターネット標準 RGB (sRGB)
モニター RGB

✓P 型 (1 型) 色覚
D 型 (2 型) 色覚

Photoshopで画像を開いている状態で、「表示」→「校正設定」の順にタブを開いていくと、「P型（1型）色覚」、「D型（2型）色覚」の色の見え方を確認することができます。

Memo
日本では男性の20人に1人、女性で500人に1人ほどの人が色覚異常をもつとされています。

MEMO
そのほかのチェックツールとしてはカラー・コントラスト・アナライザー（Windows対応）、Color Tester（Windows、Mac対応）などがあります。両方ともフリーウェアで、使い方もほぼ同様です。PCにインストールして、チェックしたいカラーを前景色、背景色に選ぶと、コントラスト比を確認してくれます。

カラー・コントラスト・アナライザー 2013J
`https://weba11y.jp/tools/cca/`

ColorTester
`http://alfasado.net/apps/colortester-ja.html`

COLUMN テキストの下線=リンクという認識

もしも、混雑しているレジの前に矢印が書いてあれば、みなさんもその矢印に沿って列をつくることでしょう。Webに限らず、世の中にはそのように共通の認識でなりたっているものが多数存在します。たとえばWebの世界では、下線はリンクを表すという認識が広がっています。言い換えるなら、共通の認識を覆してしまうもの、記憶や意識と相反するデザインは、ユーザーにストレスを与えてしまうため、よいデザインとは言えません。

本文の中にも、強調したいものがある。

本文の中にも、強調したいものがある。

普段、下線や青いテキストをリンクとして使用しているサイトが多いため、このようなテキストは「リンクだろう」と誤認されやすくなります。強調や装飾に下線や青テキストを用いるのはなるべく避けましょう。

COLUMN アプリケーションを使わないインブラウザ・デザイン

長い間、Webデザインとは「デザインソフトウェアを駆使して見た目に落とし込み、そこからHTMLやCSSなどでコーディングをする」という流れが主流でした。しかし近年では、Photoshopなどで描かずに、ワイヤーフレームやモックアップとして、コーディングしながらデザインをする、インブラウザ・デザインという手法も出てきています。

これは、レスポンシブWebデザインやアニメーションなど、平面的な絵では伝えきれない部分がWebサイトに多いことに加え、具体的なUI/UXがデザインに求められているからとも言えます。

インブラウザ・デザインはまだそれほど主要な方法ではありませんが、今後はひとつの手段として、選択肢に入ることが予想されます。言い方を変えれば、デザイナーもその流れにあわせて、コーディングの基礎知識が求められるようになるでしょう。

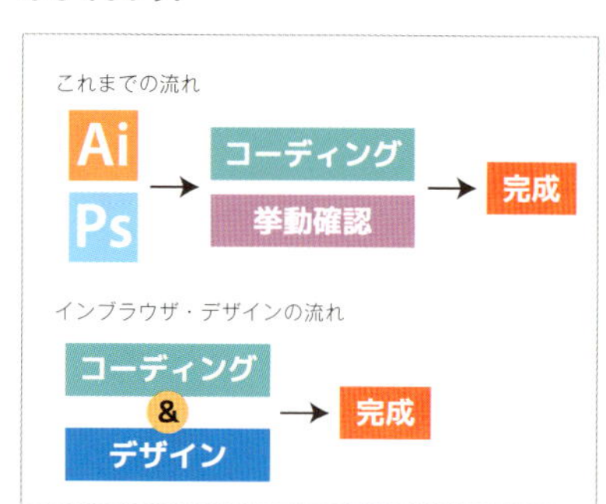

CHAPTER

2

コーディングに困るデザインデータとは

デザインが決定して次はコーディング、と思ったら修正指示や確認のリストが戻ってきた。Webの特徴を理解せずに作成したデザインデータは、コーディング担当者を困らせます。Webデザインの特徴を理解して、手戻りの少ないデザインを目指しましょう。

DESIGN RULE

031 ページごとに見出しデザインが違う？ Webデザインはパターン化が大切

LEVEL

プロ未満

Webサイトは縦方向の制限はありません。印刷物のデザインでは決まったスペースに収めるためにパーツごとにサイズを調整することもありますが、Webデザインでは避けましょう。

同じ要素がたくさん出てくるWebデザイン

Webデザインでは、同じ色や同じ文字（書式設定）を複数の箇所で使用することが多くなります。たとえば、各ページの大タイトルや中タイトル、写真のキャプション、リンクの色などは、通常同じ設定でデザインして、いくつもコピーして使い回します Fig 1 。

Fig 1 同じ要素を使っている例

01 Design

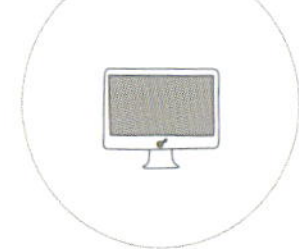

デザイン

グラフィックデザイン/Webデザイン/アプリデザイン

02 Direction

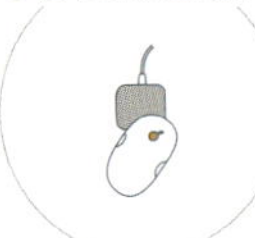

ディレクション

企画開発/ブランディング/タスク管理

03 Writing

ライティング

書籍執筆/コピー開発/商品・サービスネーミング

04 Seminar

セミナー

社内外セミナー/イベント講話/スクール講師

文字はもちろん、アイコンや色、余白も含め、大タイトル、中タイトル、本文など、ひとつのくくりとしてパターンをデザインしておき、一箇所だけでなく複数のページに渡って使用するのが一般的です。

ページや要素ごとにデザインを変えると面倒

印刷物など、ひとつの決まったスペースをうまく活用するDTPやグラフィックデザインの場合、似たような要素であって

MEMO
パーツだけでなく、マージン（余白）の取り方や、レイアウト、揃える位置などもコーディングに影響します。

POINT

- Webデザインは規則性と汎用性を重視
- Webデザインではスペースを気にしたパーツのサイズ調整は不要
- 似た要素を微調整しているデザインはコーディング時に問題に

も、「レイアウトによってそれぞれの余白を変えてコントロールしよう」、「周りの色味によって少しサイズを変えてみよう」という調整をすることがあります。しかし、Webのコーディングでは、同じページ内だけでなく別ページであっても、デザインの指示をうまく使い回すことで効率化を図ることがよくありますFig2。

これを、グラフィックデザインのように各要素ごとに微調整し、少しずつサイズが違う、少しずつ色が違う、としてしまうと、コーディングする作業は数倍、数十倍に膨れてしまいます。

Webデザインでは汎用性を優先し、細かく調整するこだわりよりも、パターンの見やすさを重視するようにしましょう。

MEMO
ページごとにタイトルのサイズや色、余白を変えたりすると、コーディングの手間が非常に増えてしまいます。Webデザインでは、細かな指定よりも、汎用的なデザインが求められます。

Fig2 ページごとに同じ要素を利用している例

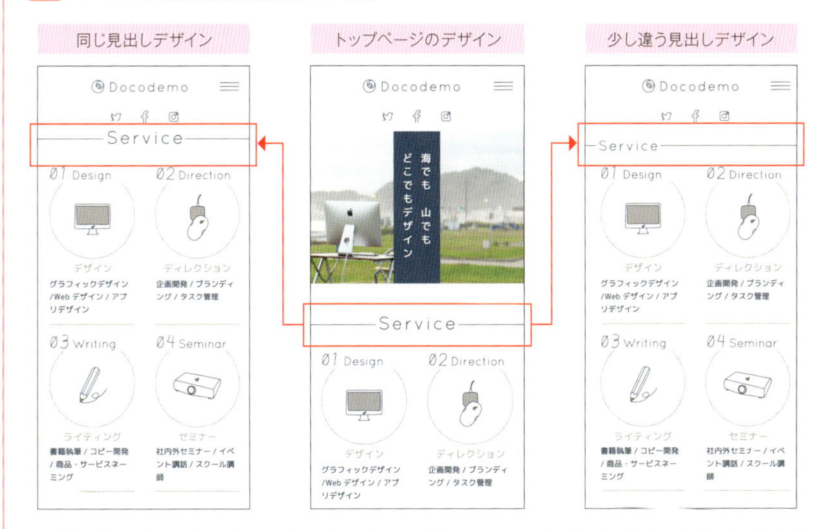

トップでも使用しているデザインをそのままページタイトルに使用すれば、コーディングもシンプルになります。逆に似ているのに少し違う場合は、気づきにくくミスに繋がりやすいので注意しましょう。

DESIGN RULE

032 改行したら崩れた！ Webデザインは固定で考えない

LEVEL

ひよっこ

紙と違って見た目を固定できないWebサイトは、常に崩れる可能性があると思った方がよいでしょう。サイズぴったりのデザインは、むしろ後々になって修正の手間が増える可能性があります。

Webデザインは固定スペースで考えない

一定のスペースや固定の状況という概念がないWebデザインでは、ユーザーの見ているブラウザが変わるだけでも、予想外の変化をすることがあります。とくにテキストは、デザインのイメージ通りにならないことがよくあります Fig1。

CMS（Contents Management System）で常に更新される要素や、納品後の修正も視野に入れてデザインをしましょう。また、よく見かける「ダミーテキスト」に同じものばかり入れていると、文字数や画像の変化による崩れを予測しにくくなります。ダミーは複数用意するようにしましょう。

MEMO
本文テキストの改行についてはP104も参照してください。

MEMO
CMSについてはP110を参照してください。

MEMO
サイズにも余裕をもった、汎用性の高いデザインが大切です。

Fig1 改行でデザインがくずれた例

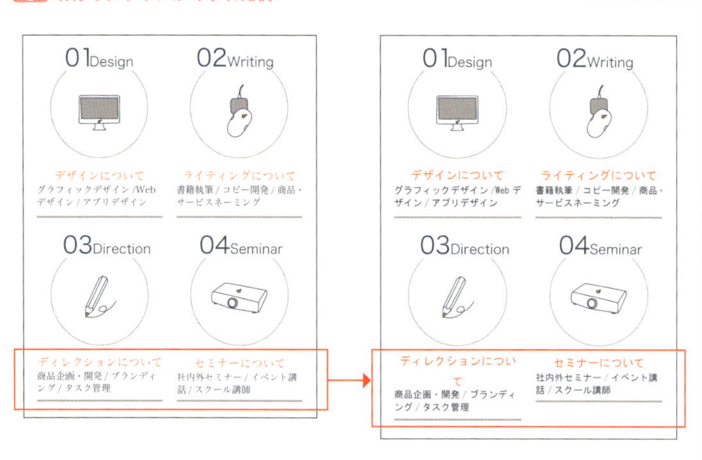

指定したフォントがなかったり、ブラウザデフォルト指定によりフォントが変わるだけでも入りきらないことがあります。

POINT

- Webは更新などによりデザイン時から要素が変わる可能性が常にある
- 画面上でデザインどおりにならない場合を予測しておく
- 崩れないようにするより意図的にどう崩すかを考えよう

レスポンシブWebデザインは崩れる前提で

レスポンシブWebデザインでは、横幅を％で指定することが前提なので、とくに崩れやすくなります。

文字の改行だけでなく、横に並んだメニュー、画像と文字のセットなど、崩れると予想される要素が多数あります。それらを、崩れないように無理やり固定することも可能ですが、それよりも意図的にどのタイミングでどこを崩し、どのように変化させていくかを考えましょう。また、それぞれが最大幅、最小幅のときだけでなく、中間地点でどうするかも、事前に相談しておきましょう Fig2。

> **MEMO**
> レスポンシブWebデザインの基本的な考え方はP058を参照してください。

Fig2 崩れる先を予測したデザイン例

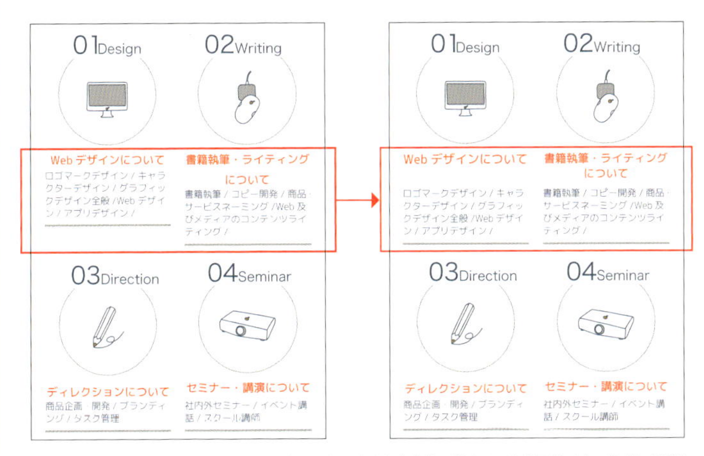

コーディングの方法によっては、同じタイプの要素の高さを自動的に揃えることも可能です。事前に相談してデザインを崩さない方法を探してみましょう。

DESIGN RULE

033 0.5ピクセルのバグ！スマートフォンデザインは偶数が基本

LEVEL

ひよっこ

Retinaディスプレイを考慮したWebデザインでありがちな0.5ピクセルのミスは、予想外のバグを起こす原因になります。とくにレスポンシブ Webデザインの場合は「どこを固定幅にするか」も重要です。

スマートフォンに対応するデザインに必要なサイズ

解像度が高いスマートフォンに対応するためには、デザインも大きく作る必要があります。現在も多く使われているiPhone 5シリーズをベースとするならば、実寸320ピクセルの画面に対して640ピクセルでデザインを進めます。

この際、重要となるのは、表示は必ず半分のサイズになるということです。100ピクセル角の画像であれば50ピクセル角に、10ピクセルの線であれば5ピクセルの線になります。

ここで問題になるのは、半分にできない奇数のサイズを指定した場合です。たとえば、1ピクセルの線はFig1のようになります。

Fig1 スマートフォンの2倍解像度を2ピクセルと1ピクセルで線指定した例

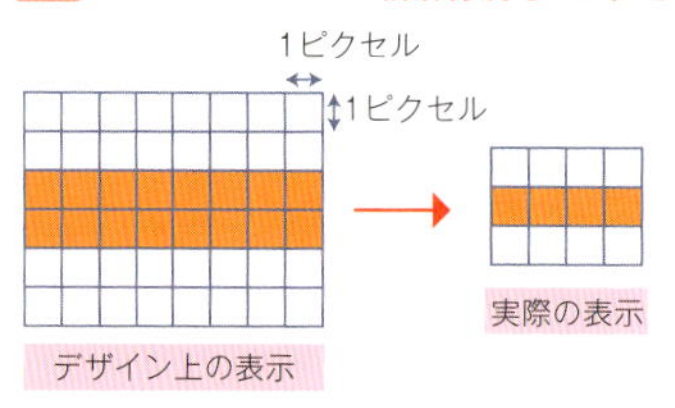

2ピクセルで作成したサイズが、実際の表示では1ピクセルになる

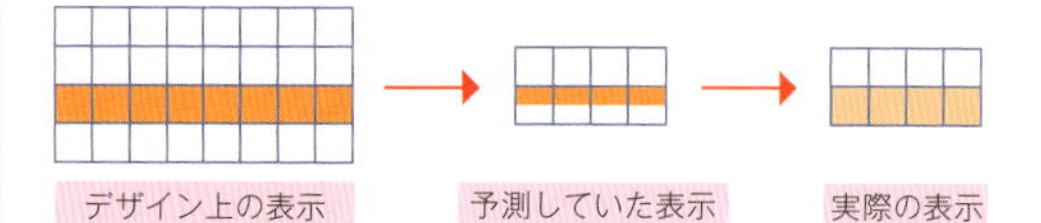

1ピクセルで作成した場合、半分にした0.5ピクセルはブラウザでは表示できないので、周りの色との中間色になった1ピクセル線で表現される

MEMO
RetinaディスプレイについてはP034を参照してください。

MEMO
線だけでなく、画像やボックスの指定も注意しましょう。デザインが奇数の場合、レイアウト崩れの原因になります。

POINT

- スマートフォンはすべての要素を偶数でデザインする
- すべてが2倍ではないため2倍以上にすることが重要
- 余白はサイズを固定し、コンテンツのボックスを%指定にするのがお勧め

「偶数だったら大丈夫！」とは限らない

偶数にしておけばすべて解決する、というわけではありません。重要なのは「偶数かどうか」ではなく、「解像度を高くする理由」を理解していることです。

解像度は2倍だけではなく、1.33倍や1.5倍、さらにはiPhone 6 Plusのように3倍サイズもあります。もし、3倍でデザインを行う場合は、最低の線幅は偶数ではなく奇数の3ピクセルで作成することになります。

現在は、主流となっている2倍の解像度にあわせておけば、ある程度きれいに表現できます。しかし、今後3倍、4倍と解像度が上がっていった場合は、それにあわせてデザインの最小単位も変化していくことになるでしょう。レスポンシブWebデザインのグリッドで「すべてを偶数に」と考えると、必ず矛盾が発生します。グリッドでデザインする場合は、間に入るボーダーや余白は固定幅、その中のコンテンツ用ボックスは%指定と考えてデザインするとよいでしょう Fig2 。

MEMO
2倍が最適なわけではなく、2倍が最低限の仕様だと覚えておきましょう。

Fig2 コンテンツ用ボックスは%指定で

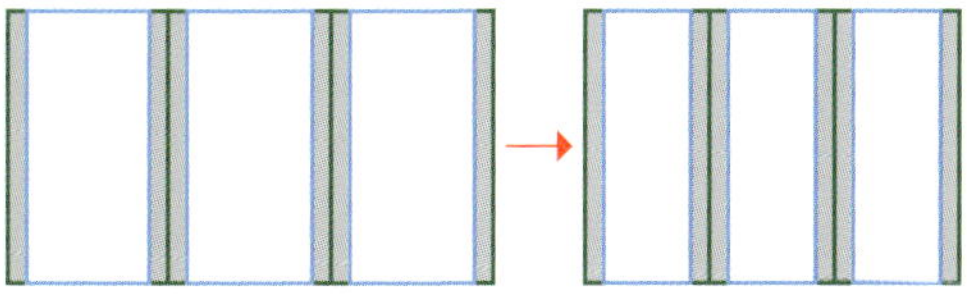

余白などは固定のまま、中身だけを可変幅で指定する

DESIGN RULE

034 フリーハンドの拡大縮小によって招くサイズの小数点問題

LEVEL

必須

プロ未満

Webデザインで意図しない小数点のサイズは、コーディングする人の頭を悩ませてしまいます。基本的に、すべては数値入力の「整数」で加工すると考えてデザインするようにしましょう。

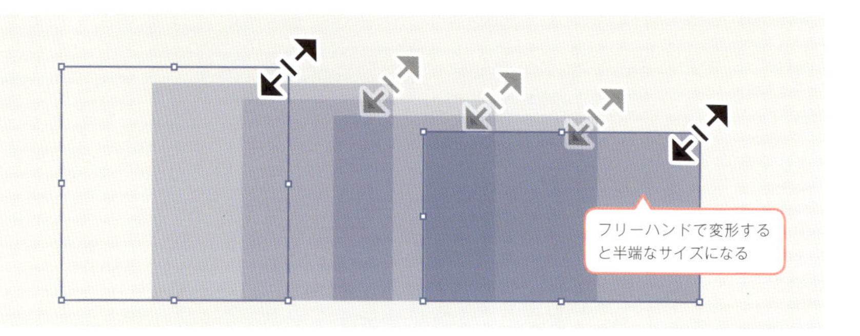
フリーハンドで変形すると半端なサイズになる

ついやってしまいがちなフリーハンドのサイズ変更

レイアウトの微調整やサイズ変更は、PhotoshopやIllustratorのダイアログを開くよりも「手作業であわせた方が早い」と思ってしまいがちですが、これはミスの原因になります。「見た目が同じサイズで作っておけば、コーディングする際も同じものを使ってくれる」と思う人もいるかもしれません。しかし、コーディング側は「数値が違うものは別の指定をするもの」と判断します。

整数でリサイズされていればまだよいのですが、フリーハンドで拡大縮小すると、小数点を含めたサイズになってしまいがちです Fig1。

これはIllustratorなどの吸着、ガイド補助をしてくれるスマートガイドを使っていても起きることです。基本的にはダイアログやパネルを開いて数値で指定するようにして、同じデザインで入れたいものは、似たようなサイズではなく、しっかり同じ数値で指定するようにしましょう。

MEMO
デザイナーが思っているよりもコーディング担当者はデザインアプリケーションが使えません。きっちり揃えたデータでないと、画像の書き出しやサイズ指定でのミスにつながるので注意しましょう。

POINT

- Webデザインのサイズ指定は整数で行う
- バウンディングボックスで拡大縮小は行わない
- 同じデザインの要素はサイズの数値も同じものに

Fig1 フリーハンドの変形で生じる問題

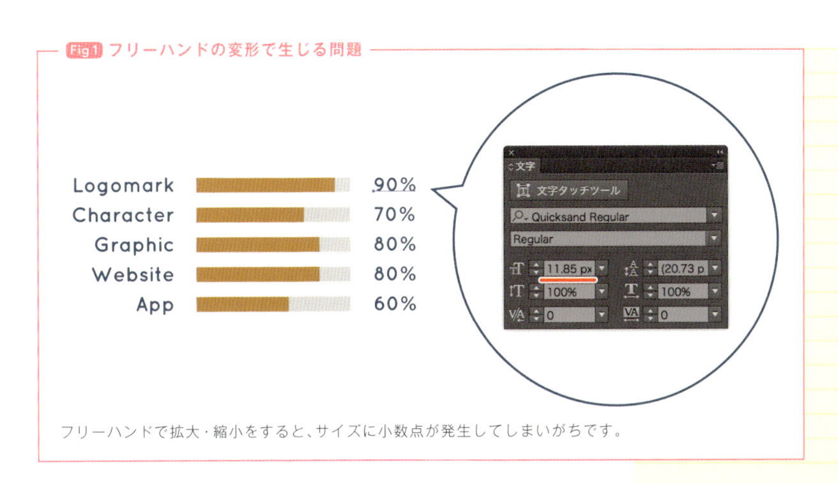

フリーハンドで拡大・縮小をすると、サイズに小数点が発生してしまいがちです。

COLUMN ほかにもある小数点バグ

サイズ変更、色指定、手動での移動など、ほとんどの小数点バグはフリーハンドでの作業によるものです。そして、ピクセルにあわせることが前提のWebデザインでは、そのような意味を持たない小数点や位置のズレが、困らせてしまうWebデザインデータの代表的なもののひとつとなります。

本書では、ほかにもP82とP88にて、基本的な原因の説明を行っています。

またCHAPTER4ではPhotoshop（P154）、CHAPTER5ではIllustrator（P198、P201）を使用する際にズレを起こしやすいケースについて紹介してあるので参考にしてください。

DESIGN RULE

035 ワンカラムによくあるリピート画像や繰り返すパーツの準備

LEVEL

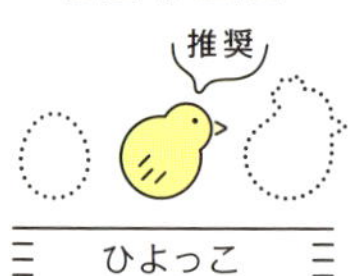

ひよっこ

デザイナーならできて当たり前の作業でも、誰にでも通じるわけではありません。コーディング側に任せしてしまうとデザインとの差異を生む原因になります。画像の用意はデザイナーの仕事です。

ワンカラムのWebデザインと背景画像

1(ワン)カラムと呼ばれる、縦に大きなコンテンツを積んでいくWebデザインは、近年よく見かける手法です。カラムとは、コンテンツを列で見た場合の、ひとつの大きな枠を示します Fig1。

Fig1 カラムの数え方

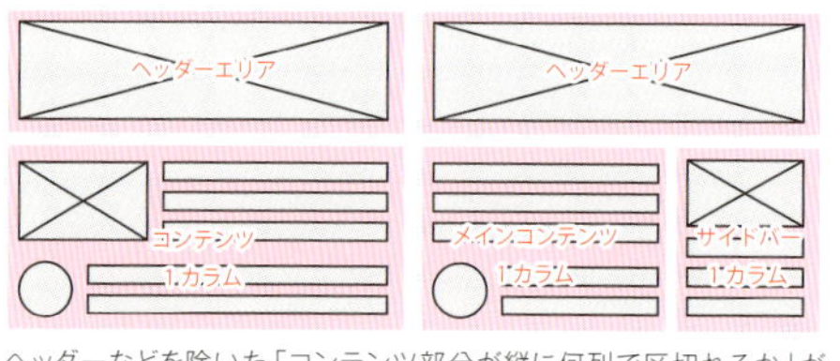

ヘッダーなどを除いた「コンテンツ部分が縦に何列で区切れるか」がカラム数となります。右の例の場合はメイン1カラム＋サイド1カラムの計2カラムとなります。

これらのデザインに共通してよく見かけるものとして、全画面または横幅いっぱいの背景画像やヒーローイメージがあります。画面を大きく使う画像の場合、1枚の画像をリキッドにして、拡大縮小表示をする場合は問題ありません。ただ、背景画像などで繰り返し画像としてデザインしている場合は、その画像をパーツ化しておくことを忘れないようにしましょう。

Fig2 背景を繰り返し画像でデザイン

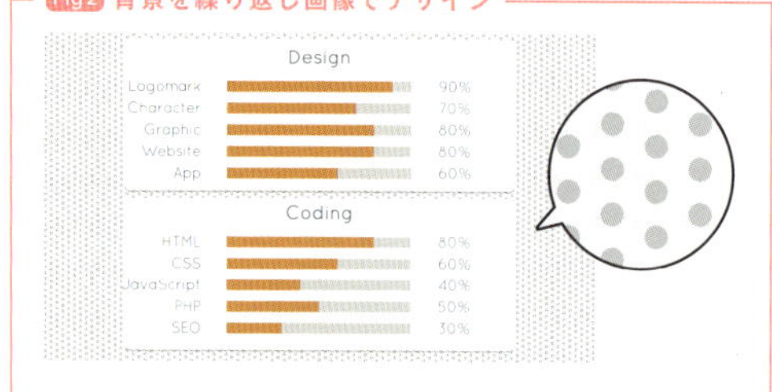

用語

[ヒーローイメージ] 画面上で大きく表示するイメージ画像などのこと。

MEMO

リキッドな画像についてはP030を参照してください。

POINT

- 画像作成はデザイナーには簡単でもコーダーには複雑な作業
- 必要な画像は必ず素材として書き出しておく
- 繰り返し画像はただの背景だけでなくサイトを軽くする技としても使える

たとえば Fig2 のような、どこが繰り返しの起点かわからないリピート画像は、デザイナーではない人には、デザインアプリケーションを駆使して素材にすることが非常に困難です。

なお、リピート画像の起点や終点は、できるだけオブジェクト（要素）のない部分で作成しておくと、表示したときのズレやバグにも対応しやすくなります。

全画面の画質の荒れをごまかすノイズ画像

リピート用の画像パーツは、単純に背景の模様や写真の繰り返しだけではなく、全画面のイメージ画像の画質の荒れを緩和する技としても使えます。

全画面表示の場合、ウィンドウの横幅が2000ピクセルを超えることも少なくありません。しかし、2000ピクセルを超える画像を入れてしまうと、サイト全体の表示が重くなってしまいます。

そこで、実際の画像は1000ピクセル未満で作成しておき、さらに大きくなった時のために、透過したノイズ風画像を重ねて表示することで、画像の荒れをあたかも演出のように見せる手法です Fig3 。

MEMO
ノイズ画像は横線だけではなく、斜め、ドット、グラデーションなど様々な方法が考えられます。サイトのデザインにあわせてノイズを作ってみましょう。

Fig3 繰り返し画像を重ねる手法

解像度が足りない画像でも、繰り返し画像を重ねることでノイズが目立たなくなります。

036 同じに見えるけど左右でグラデーションの範囲が違う

LEVEL

プロ未満

P086のリサイズ問題と同様に、こちらも手作業で行うとよくある失敗例です。グラデーションはCSSで実装することが増えているので、コーディングする人にとって微妙な差異は大問題です。

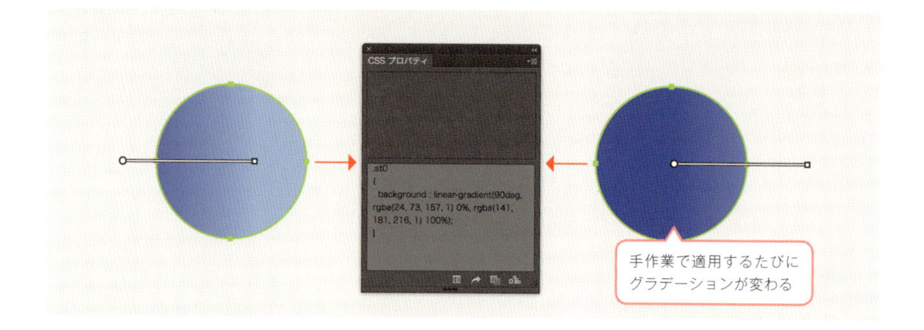

サイズだけではない、手作業で起こるミス

P086で解説したリサイズだけではなく、色も失敗しがちな要素です。とくにグラデーションは手作業でかけてしまうと、同じに見える要素でもそれぞれ指定範囲が変わってしまいます。また、手動で設定したグラデーションは、その位置情報などを取り出すことが難しく、コーディングする場合は似たグラデーションを新たに作り直す必要が出てしまいます Fig 1。

Fig 1 Illustratorのグラデーション範囲がずれている例

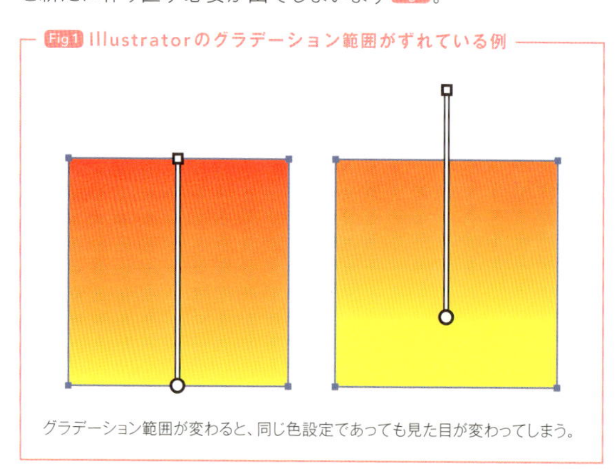

グラデーション範囲が変わると、同じ色設定であっても見た目が変わってしまう。

MEMO
「グラデーションは画像で表現するのでは?」と思う人もいるかもしれませんが、少し前までは画像で書き出していたグラデーションも、近年ではCSSで指定することが増えてきています。

POINT

- グラデーションは画像ではなくCSSで指定されることが多い
- 手作業のグラデーションはコーディングが困難になる可能性が高い
- デザインアプリケーションを活用してグラデーションも管理

Illustratorでのグラデーションの管理方法

Illustratorでは、同じグラデーションを使う場合はスウォッチに登録して使いましょうFig2。

Fig2 Illustratorでのグラデーション管理

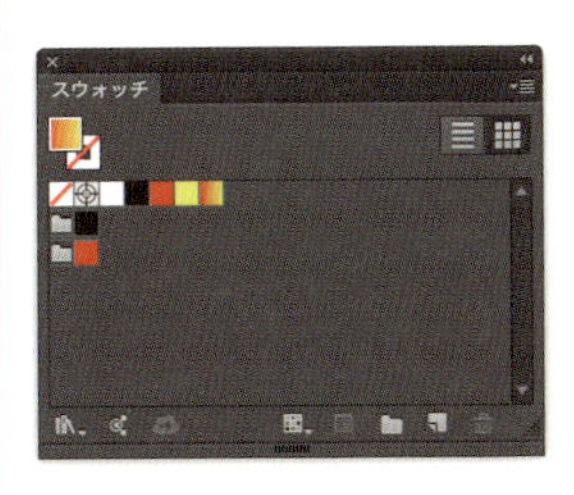

Photoshopでのグラデーションの管理方法

Photoshopでは、同じグラデーションを使う場合はレイヤースタイルを活用しましょうFig3。

Fig3 Photoshopでのグラデーション管理

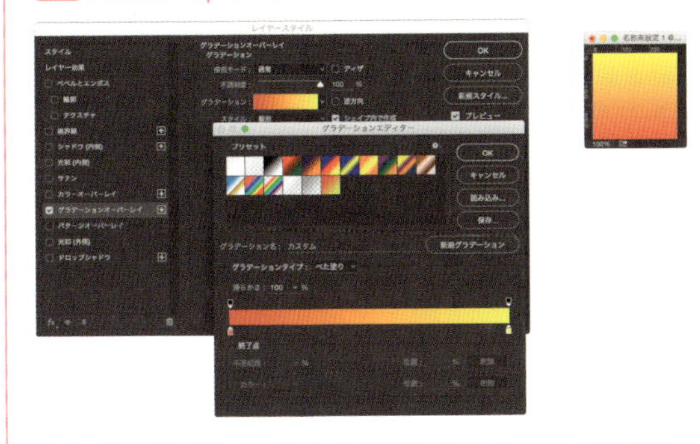

MEMO
グラデーションのかかる範囲と同様に、色をスポイトで取得することも統一できない原因になるので注意しましょう。

MEMO
Photoshopでもスウォッチを活用してグラデーションを管理しながら、[シェイプ]ツールの色の設定でグラデーションを使用できます。なお、同じグラデーションを使う場合はレイヤースタイルを活用しましょう。レイヤースタイルについてはP158を参照してください。

MEMO
Photoshopで選択範囲を作り、[グラデーション]ツールでグラデーションを作成する方法もありますが、CSSでの再現性に乏しいので控えましょう。

DESIGN RULE

037 無駄なガイドが多すぎる!

プロ未満

自分にだけわかる謎ガイドや、ズレたガイドは卒業しましょう。最初にグリッド・システムに基づいたガイドを作るだけでも十分です。ガイドの数が多すぎると混乱の原因にもなります。

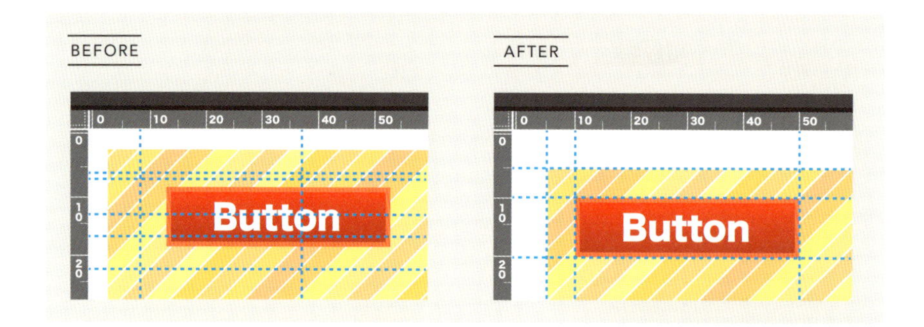

便利で多用しがちなガイドに要注意

「ガイド」は、印刷や画像書き出しの妨げになることなく、オブジェクトの整列位置や、余白などの情報をデータ内に示すことができます。PhotoshopやIllustratorでレイアウトする際に欠かせない機能ですが、多用するとガイドに関する問題も増えます。では、目的を果たせていない残念なガイドの例を具体的に見てみましょう。

オブジェクトに対してズレているガイド

オブジェクトの位置は揃っているのに、ガイドがズレていては意味がありません。たとえば、本来均等であるはずの左右のマージン(余白)を示すガイドが数ピクセル分ズレていて、それに気づかず厳密なデザインをしてしまうと、コーディングや確認の手間になってしまい、後からすべてやり直しになってしまいます Fig1 Fig2。ガイドのズレは手作業でいい加減に設定したり、作業途中に「ガイドのロック」をせずにオブジェクトと一緒に移動してしまうミスが原因で発生します。

MEMO
ガイドの表示と作成方法は次の通りです。

▼ Illustrator
①[表示]→[定規の表示]
②[表示]→[ガイド]→[ガイドの表示]

▼ Photoshop
①[表示]→[定規の表示]
②[表示]→[表示・非表示]→[ガイド]

ガイドの表示をONにしたら、定規をクリックして任意の場所にドラッグすると、ガイドを引くことができます。

POINT

- 「ガイド」の目的は整列位置や余白を作業者に示すこと
- ズレていたり、数が多すぎると本末転倒
- グリッドシステムを上手に使おう

Fig1 ズレたガイドの例：オブジェクトからずれている

Fig2 ズレたガイドの例：左右のアキが異なる

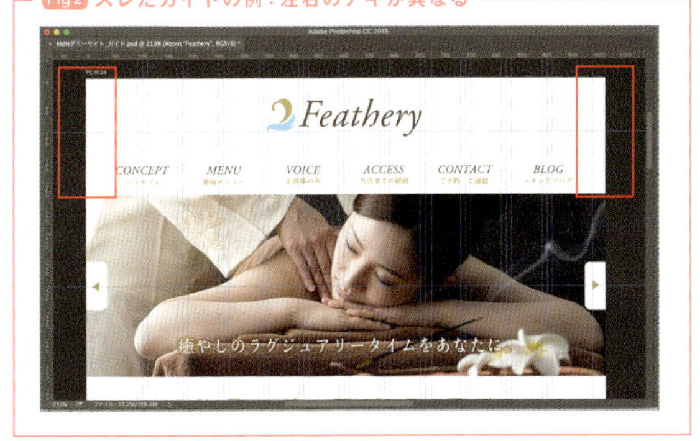

ガイドのズレを防ぐには？

ガイドを作成するマウス操作を封印すればこのようなズレを防げます。また、Webデザインはグリッドシステムをベースにする場合が多いので、はじめの設定段階でグリッドを定義して、それ以降の作業では極力ガイドを作らないような運用方法がよいでしょう。では、次ページで具体的な方法を紹介します。

ガイドのズレを防ぐ設定

PhotoshopCCの場合、[表示]→[新規ガイドレイアウト]を選択すれば、ピクセル単位で均等な領域のガイドを設定できます Fig3 。

なお、Nathan Smithが運営している960 Grid Systemでは、幅960pxのカンバスに対するグリッドシステムを提唱しています。同サイトではPhotoshop(アクションファイル)やSketchなど各アプリケーションに対応したグリッドシステムをダウンロードできます Fig4 。

URL
960 Grid System
http://960.gs/

Fig3 [新規ガイドレイアウト]でガイドを作成

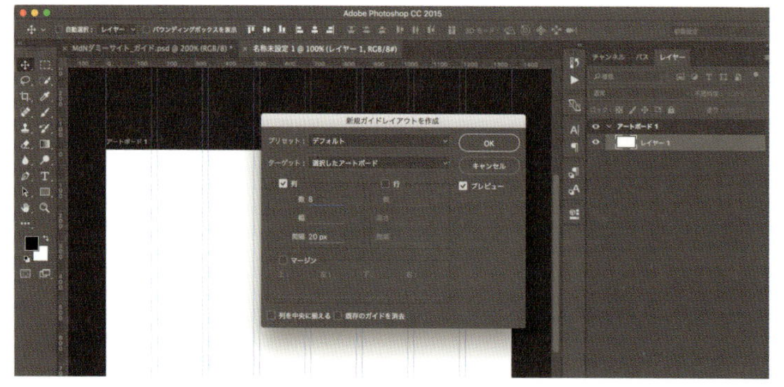

Fig4 Photoshopで960 Grid Systemのアクションを実行

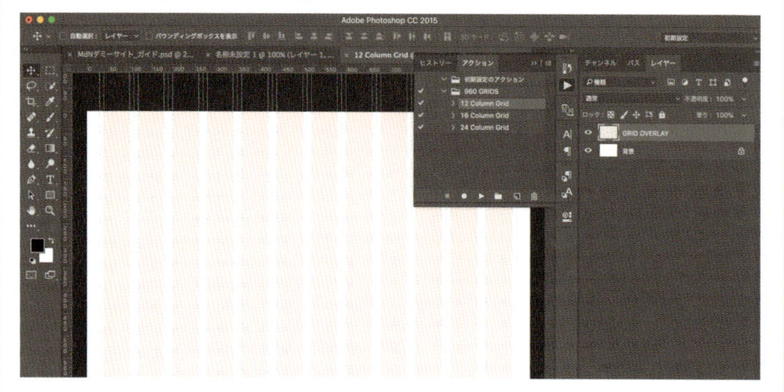

Illustratorの場合、あらかじめマージン分のピクセル数を除いた数値で長方形を描いて選択し、[オブジェクト]→[パス]→[段落設定]を利用すれば、ピクセル数を管理した状態で長方形が分割されます。この長方形をガイドに利用すれば、規則的なグリッドシステムを利用できますFig5。

ツールを上手に使ってグリッドを作れば、面倒な余白の計算や微妙なマウス操作も必要ありません。なお、基準となるガイドを最初に作ったら、「ガイドのロック」も必ず行いましょう。

MEMO
ガイドをロックする方法は次の通りです

▼ Illustrator
[表示]→[ガイド]→[ガイドのロック]

▼ Photoshop
[表示]→[ガイドのロック]

Fig5 Illustratorの段落設定を活用したグリッド・システム

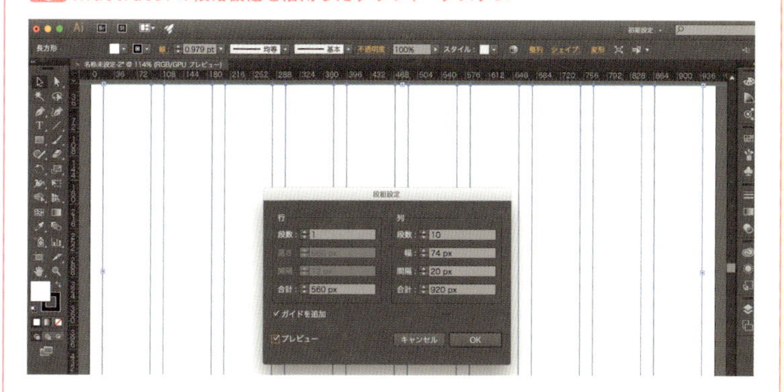

「ガイド多すぎ問題」もグリッドシステムで卒業

多すぎるガイドは、ガイドラインとして意味をなさないどころか、逆にどのラインを基準にすればよいのかわからず、ほかの作業者を迷わせるだけになってしまいます。デザインしながら思いつきで「ガイド」を後から足すのは控えて、規則性を持ったグリッドシステムを最初に作成してレイアウトしましょうFig6。

Fig6 グリッドシステムに沿ったWebデザイン

CHAPTER 2 コーディングに困るデザインデータとは

DESIGN RULE

038 Photoshopのラスタライズと Illustratorのアウトライン化

LEVEL

プロ未満

フォントがない環境でも表示できる文字のアウトライン化&ラスタライズ。便利ではありますが、「コピ &ペースト」ができないためコーディングに手間取ることに注意しましょう。

BEFORE

プロフェッショナルによる
多彩な施術方法

当店独自の厳しい研修をクリアしたプロフェッショナルがお客様のコンディションに合わせた施術を提案。

AFTER

プロフェッショナルによる
多彩な施術方法

当店独自の厳しい研修をクリアしたプロフェッショナルがお客様のコンディションに合わせた施術を提案。

コピー &ペーストできない「ラスタライズ」と「アウトライン」

Webで表示される文字には、jpegやpng、gifなどで「画像化されている文字」と、HTMLでコーディングされ、CSSで装飾されている「デバイス依存の文字(デバイステキスト)」の2種類があります Fig1 。近年はCSSで豊かな表現が可能になったことや、レスポンシブ Webデザイン対応などでサイズが固定されてしまうため、文字の画像化は減少傾向にあります。

このような背景の中、HTML+CSSでのコーディングを前提とした作業工程で「文字をコピー&ペーストできる」デザインデータは、速く正確にコーディングするためには、実は重要な要素となります。

用語
[アウトライン化] フォントデータをIllustratorでベクターデータ化して、その書体ファイルがない端末でも表示できるようにする方法。アウトライン化した書体は文字として編集できません。[書式]→[アウトラインを作成]でアウトライン化できます。

Fig1 デバイス依存の文字(左)と画像化された文字(右)

プロフェッショナルによる
多彩な施術方法

<p>プロフェッショナルによる多彩な施術方法 </p>

プロフェッショナルによる
多彩な施術方法
title.png

<img src="title.png" alt="プロによる施術方法"/>

POINT

- テキストをコピーできないラスタライズとアウトライン化は控える
- Illustratorの場合アウトライン済みのデータは別データにまとめる
- 代替書体を提案するのもよい

しかし、Illustratorのアウトライン化やPhotoshopで文字をラスタライズしたデータなどは、このコピー&ペーストができません。そのため修正にはテキストを再度手打ちせねばならず、入力や校正に時間がかかるのはもちろん、誤字脱字が起こる原因にもなります。このようなケースで発生する誤字は、コーディング担当者だけの責任ではなく、適切なテキストデータを支給しなかった側にも責任の一端があります。

「コピー &ペースト “が” できるデータ」を意識

Photoshopは、使用しているフォントがPCに入っていなくても表示自体は可能なので、「ラスタライズしない」とだけ覚えておきましょう。

一方、Illustratorの場合は、アウトライン化の前にテキストを別のコピーレイヤーにまとめ、非表示にしておくなどの工夫をしておくとよいでしょう（その際、コーディング担当者に伝えることを忘れずに）。

デバイステキストとしてHTML+CSSでコーディングする文字は、最終的な見え方は閲覧するユーザー側の環境に依存します。そのため、デバイステキストには閲覧ユーザーが表示可能なCSSのfont-familyプロパティに沿った標準的なフォントが求められます。

本文テキストには奇をてらったフォントを採用せず、汎用性の高いフォントを選ぶようにしましょう（P042でも詳しく説明しています）。

なお、h1～h6などの見出しや本文部分は、コーディングのためのコピー&ペーストが多く行われる要素です。特にこの本文部分はアウトライン前のデータを必ず残しておきましょう。

用語
[文字のラスタライズ]
Photoshopでフォントデータをラスターデータ(ビットマップデータ)して表示する方法。
Photoshopでは、ファイルを開いたPCにインストールされてないないフォントも表示は可能です。フォントがない場合、レイヤーパネルに注意マークが表示されます。文字ツールでテキストをクリックすると、他のフォントに置き換えるか、ラスターデータへラスタライズするかを選択できます。アウトライン化と同様、ラスタライズした書体は文字として編集できません。また、拡大するとボケてしまうので注意が必要です。

MEMO
テキストファイルを原稿として別途送付するのもよいでしょう。その際は、デザインとテキストファイルの内容に相違がないように注意しましょう。

MEMO
本文などの細かいデバイステキストにこだわったフォントを使いたい場合は、Webフォントを導入することを検討してもよいでしょう。

DESIGN RULE

039 Photoshopのスマートオブジェクトは乱用しない

LEVEL

ひよっこ

スマートオブジェクトの中にもスマートオブジェクトやレイヤーデータを持つことができます。ですが、そのような複雑なスマートオブジェクトは、全然スマートではありません。

スマートオブジェクトの中にスマートオブジェクト？

Photoshopの便利な機能であるスマートオブジェクトはWeb制作には欠かせません。ただし使いすぎには要注意です。

スマートオブジェクトはpsbという拡張子で管理されています Fig1。通常のpsdと同様にレイヤーが持てるだけでなく、スマートオブジェクトも内包できます。従って、スマートオブジェクトの中のスマートオブジェクトの中のスマートオブジェクト……というデータも作成可能です。しかし、"階層が深い"スマートオブジェクトは、管理や修正をするほかの作業者にとって、どこに何があるかわからず大変厄介です。

理由なくこのようなスマートオブジェクトの階層を作るのは控え、ひとつのスマートオブジェクトの中で、レイヤーとレイヤーグループによるオブジェクト管理を行いましょう。

Fig1 psdファイルとpsbファイル

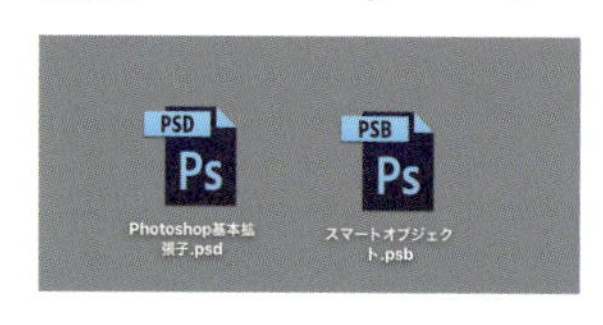

ふだんpsdに内包されているpsbファイルにもレイヤーなどの情報が内包可能です。

MEMO

スマートオブジェクトに関してはP160を参照してください。

用語

[psb] Photoshopのビッグドキュメント形式と呼ばれるファイルで、どちらの方向にも300,000ピクセル、最大2GBまでのドキュメントをサポートしています。

POINT

- スマートオブジェクトの中にもスマートオブジェクトやレイヤーが作成可能
- スマートオブジェクトの中身はデザイナー以外は開かない
- 伝わりにくい階層のスマートオブジェクトはやめよう

スマートオブジェクトの中にあるレイヤーはわかりにくい

通常、修正などの場合を除いて、完成したデザインデータをスマートオブジェクトの中身まで確認することはありません。コーディングの工程も、画像の書き出しはスライスかレイヤー単位で行うため、デザイン作業が済んでいるスマートオブジェクトの中身を開いて確認することは、まずないでしょう。

しかし、ボタンのスマートオブジェクトの中に「ロールオーバー(hover)時の状態」がレイヤーとして存在していて非表示にしてある、というケースがあります。このような場合、適切にhoverを実装してもらうためには、コーディング担当者に対して口頭でファイルの場所を指示する必要があります Fig2 。さらに、書き出しの際にもレイヤー名を変更しなくてはいけないなど、細かいデメリットもあります。

一見整理されたデータに思えますが、スマートオブジェクトの中に隠れてしまっているとコーディング担当者が見落とす可能性が高いので、psdだけでサイトのデザインがひと通り把握できる状態にしましょう。

MEMO
ロールオーバー(hover)などのレイヤー構造についてはP146を参照してください。

Fig2 スマートオブジェクトに非表示レイヤーが含まれる例

webdesign.psdのデザインデータではhoverボタンのスマートレイヤーは確認できません。

DESIGN RULE

040 レイヤーが結合されてしまうと対処できない

LEVEL

プロ未満

レイヤーの統合・結合は御法度です。文字や要素がコピーできなかったり、画像の書き出しなど様々な影響があります。後々の修正にも対応できなくなる可能性もあるので注意してください。

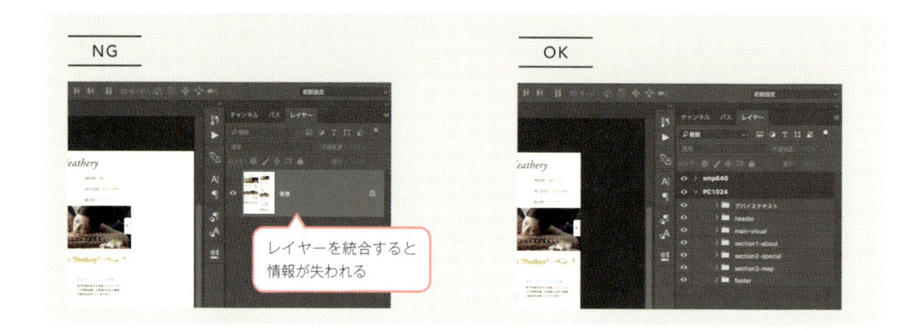

レイヤーの統合・結合はしない

PhotoshopやIllustratorで作業が終了すると「レイヤーを結合（または統合）」をしてしまう方がいます。Photoshopのpsdデータは再編集できることが最大のメリットですが、結合してしまうとその情報が失われてしまい編集ができなくなります。データが重い、レイヤーがわかりにくい、などの理由でレイヤーを結合するのは絶対に避けましょう。

統合・結合によってできなくなること

Illustratorの場合、レイヤーを「結合」しても要素の編集自体は可能です。ただ、背景と写真、ボタンなどをレイヤーベースで管理している場合は、レイヤーが結合されたことによって特定の要素をレイヤー操作で選択したり、表示／非表示を切り替えるのが困難になります。

Photoshopの場合はより深刻です。すべてを「統合」した場合、1枚の「画像」になってしまうので、コーディングに必要な本文や見出しのテキストの、コピー&ペーストや文言の再編集ができません。また、背景画像とオブジェクトを「統合」すると、非表

MEMO

Photoshopですべての要素をレイヤー1枚にまとめることを「統合」、一部のレイヤー同士をまとめることを「結合」と言います。なお、Illustratorでは「すべてのレイヤーを結合」「選択レイヤーを結合」という表記になります。

POINT

- Webデザインでデータの結合・統合は御法度
- 最悪はコーディング不可能
- レイヤーをきちんと整理して誤って結合・統合しないように徹底

示部分の画像情報は失われてしまい、ロールオーバー(hover)のような非表示にした状態変化など、デザイナーが意図したコーディングが不可能になります。

アートボードツールを使用している場合は、アートボードが解除され両方のカンバスを合計した、大きなカンバスに自動的に置き換わってしまいます Fig1。Photoshopには「アセット(生成)」というレイヤーに準拠した書き出し方法が搭載されています。現在はアセットによる画像の自動書き出しが主流になりつつあります。レイヤー情報を破棄することは、この画像のアセットに関する情報を破棄することと同じです。コーディングの効率が著しく悪くなり、修正はもちろん、最悪の場合はコーディングが不可能になります。

MEMO
Photoshopのシェイプレイヤー同士の「結合」であればパスの選択ツールによる再編集が可能です。たとえば長方形と三角形で矢印を作りレイヤー結合しても、後に調整することはできます。シェイプが増えすぎる場合はシェイプ同士の結合を検討してもよいでしょう。ただしP150で紹介するライブシェイプは使用できなくなります。

Fig1 アートボードの破棄

レイヤーを統合するとアートボード機能が破棄されます。

レイヤーの整理を徹底する

レイヤーを整理して「わかりやすい」データを作成すると同時に、誤って[統合]→[保存]しないよう徹底しましょう。万が一、誤って統合してしまった場合はヒストリーパネルを使えば戻れます。Photoshopでの作業などで統合すべきなのは、写真の補正が完了して「もう元画像をとっておく必要がない」などの場合に限ります。編集が前提となるWebデザインにおいては「統合・結合」は御法度です。

MEMO
PhotoshopのレイヤーР整理についてはP142、P144を参照してください。

DESIGN RULE

041 レイヤースタイルやアピアランスの複数掛けで数値の把握が困難

LEVEL

ドロップシャドウなどを掛けるのに便利な「レイヤー効果」や「アピアランス」。何度も同じ効果を掛けると、掛け方によってはコーディングのための数値を追うのが大変になります。

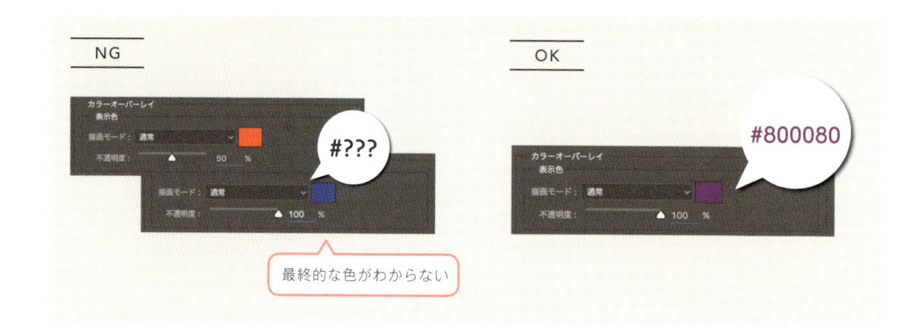

レイヤースタイルやアピアランスの多用に注意

Photoshopの「レイヤースタイル」やIllustratorの「アピアランス」は、文字やシェイプに対して着色やドロップシャドウなどの効果を簡単に掛けられる機能です。カラーコードや各種数値を保って効果を掛けられるため、後からの調整にも便利です。また様々な効果を併用できるのでデザイン作業には欠かせません。しかし、同一の効果を何度も掛けると、正確にコーディングで再現するのが困難な場合があります。

MEMO
PhotoshopのレイヤースタイルについてはP158を参照してください。

コーディングでの再現が困難な例

一つ目のドロップシャドウに対して、二つ目のドロップシャドウを「乗算」で掛けると、シャドウが濃くなります。これをCSSとしてコーディングするためには、この濃い色の数値を調べる必要がありますが、カラーコードで指定した色同士が二度掛けと乗算によって混ざっているため、このドロップシャドウのレイヤー効果（アピアランス）のデータからは「乗算した結果」のカラーコードをコピーできません Fig1 。

POINT

- レイヤースタイルやアピアランスで同じ効果を複数掛けるのはやめる
- コピー＆ペーストで数値が再現できないと、コーディングが大変に
- 試行錯誤しているときにありがちなので効果は”決め打ち”に

このような場合はスポイトツールで色を取ってから改めてシェイプなどを用意し、ドロップシャドウを掛けて再現して、その結果を踏まえた上でCSSで再現するのでスポイトの位置によっては意図した色とズレてしまう危険性があります。

二度掛けした効果はCSSで再現する際に、コーディング工程で余計な手間となります。同じ効果の二度掛け、特に描画モードを使った掛け合わせは、「乗算した結果」の方の数値（カラーコード）がすぐに伝わるようにしておきましょう。

> **MEMO**
> Illustratorの場合は、アピアランスの複数掛けが同様の混乱をきたす場合があります。

Fig 1 ドロップシャドウの乗算でカラーコードが不明に

赤いドロップシャドウ

＋

青いドロップシャドウ

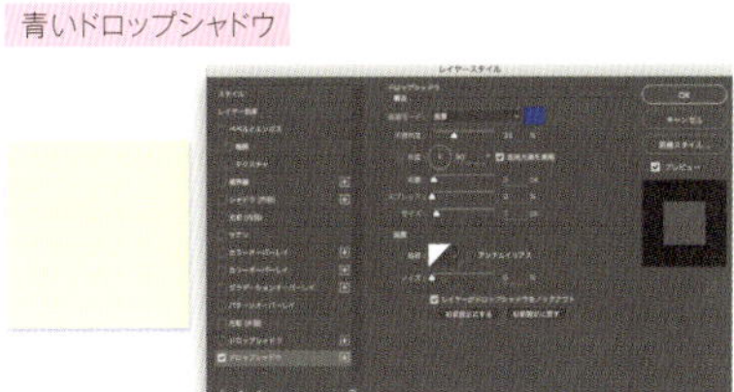

↓ 乗算で重ねる

赤紫のドロップシャドウですが赤紫のカラーコードは数値としてコピー＆ペーストが不可能です。

制作のポイント

効果を掛け終わった後に「CSSによる再現が数値のコピー＆ペーストで簡単に可能か」「後からの思いつきで効果を二度掛けしていないか」を確認しましょう。特に後者については、試行錯誤を繰り返したデータにはありがちです。最初から“決め打ち”のレイヤー効果&アピアランスを目指しましょう。

042 本文のテキストエリア、字切り（改行）は大丈夫？

LEVEL

ひよっこ

「字切り」にこだわりたい人もいるかもしれませんが、残念ながらWebデザインでは労力に見合った効果が得られないこともあります。改行の指定は慎重に考えましょう。

BEFORE

プロフェッショナルによる
多彩な施術方法

当店独自の厳しい研修をクリアした
プロフェッショナルがお客様の
コンディションに合わせた施術を提案。

AFTER

プロフェッショナルによる
多彩な施術方法

当店独自の厳しい研修をクリアしたプ
ロフェッショナルがお客様のコンディ
ションに合わせた施術を提案。

見る人によって環境が異なるWebでは「字切り」は無意味

Webの場合は媒体の特性として、閲覧者側の要因でデバイステキストのフォントサイズが変化します。画像化しない限り、1行あたりの文字量は閲覧者の環境が決めるのです。

このような前提があるWeb媒体では、複数行に渡る本文の文字組みを「字切り」用途で改行しても、1行あたりに表示できる文字数は変化するのでデザイナーが意図したように再現することは難しくなります。複数行のテキストを配置するには、見た目で改行していくのではなく、[文字ツール]をドラッグしてエリアを決定する「テキストエリア（ボックス）」で定義しましょう。その上で、行末の調整（字切り）目的の改行は行わないようにします。

実際の例を見てみましょう Fig1 。たとえばデザインファイル上で、テキストエリア内で文章を揃えるために行末の「の」で改行したとしましょう。実際のコーディングにも
で改行を入れておくと、1行が何文字になろうが、左のように改行が反映されます。しかし、閲覧者の環境によっては「の」が次の行へ送られてしまう場合があります。もし「の」の直後に"デザイナーが意

MEMO
閲覧者側閲覧側で1行の文字量が決まる要因には次のようなものがあります。

①デバイスの違い
②OSの違い
③OSのバージョンの違い
④ブラウザの違い
⑤ブラウザの設定の違い

用語
[字切り] 読みやすさを考慮して文字を改行すること。例えば、が、の、に、を、などの助詞が行末にある状態で改行されていると読みやすくなります。

「本文のテキストエリア、字切り（改行）は大丈夫？」
を理解してプロのWebデザイナーになるには

POINT

- Webは閲覧者に依存してコーディングしたフォントサイズが変わる
- 行末を調整しても環境によっては再現できないことが多い
- パラグラフの変更や短い見出しなどは改行しても問題ない

Fig 1 「の」で改行
 タグを入れた場合の例

ある晴れた日に、ぼくの
母と妹は、買い物に出か
けた。桜並木を二人が歩
いていると、見知らぬ男
が近づいてきたそうだ。

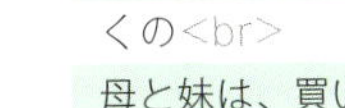

ある晴れた日に、ぼ
くの
母と妹は、買い物に
出かけた。桜並木を
二人が歩いていると、
見知らぬ男が近づい
てきたそうだ。

図した"はずの改行
 タグが入っていると、右のような処理になってしまい、せっかく揃えた改行が逆にレイアウトを損ねる要因となってしまいます。

必要な改行なら入れてもOK

とは言うものの、テキストに改行は必要です。ここで述べている「NGな改行」は、特に以下の2つについてです。

- 複数行に渡る本文（テキストエリア）の場合
- 文字の「字切り」を目的とした行末の微調整の場合

一方でパラグラフ（段落）を変更する場合や、数行の見出し、画像化などを前提としてタイポグラフィーにこだわりたい場合はこの限りではありません。また、「字切り」をすること自体はよいことなので、短い見出しなどでは意識したいところです。印刷とWebの「表示の違い」を理解してデザインをしていきましょう。

MEMO
環境間でフォントの表示に差異があることを知らないクライアントなどが、自分のPCを見ながら「"の"で改行したいんだけど」と言ってくることがよくあります。
この場合は、テキストエリアによる「箱組み」を止めて、すべての行に改行を入れるか、閲覧者の環境によってフォントの例示が異なることを丁寧に伝えるか、どちらかを選ぶことになります。

注意
本文など長文の画像化は推奨されないので注意しましょう。

DESIGN RULE

043 意図を持たない“謎の余白”がコーディングを複雑にする

LEVEL

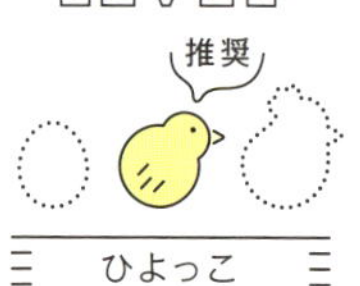

ひよっこ

画像の書き出し方法の「スライス」は余白を含めた書き出しも可能ですが、「謎の余白」はその後のコーディングや運用的に歓迎されません。余計な余白を作らないように注意しましょう。

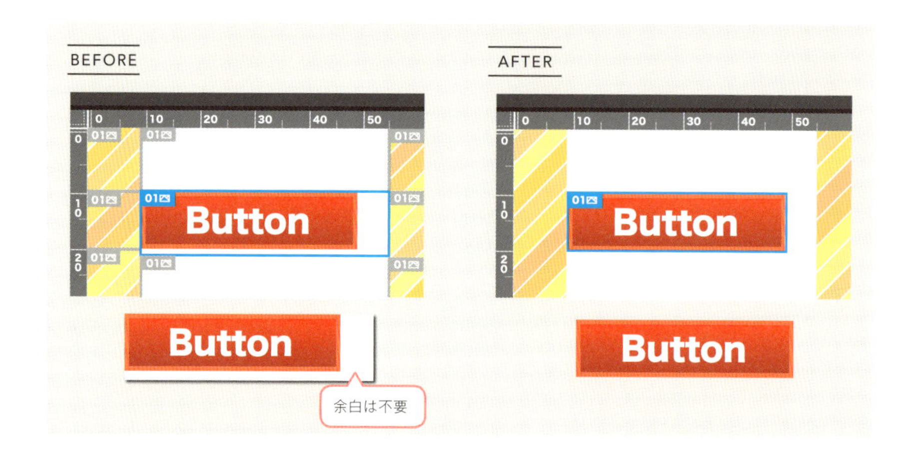

余白で調整はCSSが複雑になる原因にも

CSSに苦手意識のあるWebデザイン（コーディング）初心者は、CSSで余白を調整するよりも、画像に余白を含めてしまったほうが簡単と思うかもしれません。

しかし、現在の主流であるBootstrapなどのフレームワークやレスポンシブWebデザインなどでは、そのような設計思想を持たないパーツの余白は、レイアウトの崩れの原因になります。その後の更新やCSSの設計にも「調整のための余白」を考慮する必要があり、結果としてCSSが冗長になってしまうケースがよくあります。システマチックなWebデザインを実現するためには、書き出し用の画像には余白を持たせず、CSSで余白を調整していく方が望ましいでしょう。

一方、レスポンシブWebデザインの調整用として余白を用意するケースもあります。「上手くCSSを書けないから」などの消極的な理由ではなく、明確な意図があって余白を持たせる場合は、その後の更新や運用にも支障は少ないと考えられます。

MEMO
画像の余白がすべて駄目ではありません。レスポンシブなどに画像を上手に入れるために余白が必要な場合、画像側に含めてしまった方が楽なケースなどもあります。

POINT

- 画像に余白を持たせるとCSSが複雑になって悪循環
- スライスのミスによって生まれる「謎の余白」付き画像を撲滅しよう
- スライスを使う場合は慎重に。スライスに頼らないのも方法の一つ

スライス画像の「謎の余白」は撲滅

Photoshopや Illustratorの「スライス」ツールは任意の部分を切り出してWeb用の画像拡張子に保存できる便利なツールですが、任意の数値で画像を書き出せてしまうので「謎の余白」の原因になりがちです。

前述した、初心者が行いがちな調整用の余白以外にも、スライスで書き出された画像には明確な意図を持たない「謎の余白」が見られる場合があります。

左右に20ピクセル、などであればまだ意図された余白だとわかりますが、左にだけ3ピクセルであったり、下に17ピクセルなど奇数のよくわからない数値の余白は、個別にCSSで調整するか画像を再度書き出す必要が生じてしまいます。

このような「謎の余白」は、マスクや、スライス操作など、ちょっとした作業ミスが原因でよく起こります。

MEMO
「画像のアセット」についての詳細はP166、スライスについての詳細は168を参照してください。

「謎の余白」を防ぐには

システマチックなCSS設計の妨げになる「謎の余白」を防ぐ方法のひとつは「スライスを使わない」ことです。

Photoshopの場合は「画像のアセット(生成)」というレイヤー構造とオブジェクトのサイズを基本にした書き出し機能があります。手作業で領域を決めるスライスと異なり、作成したオブジェクトに準拠しているので「謎の余白」が生じにくい機能です。ただし、元となるオブジェクトの数値に注意を払う必要があることに変わりはありません。

「スライス」を使う場合でも、[スライス選択ツール]などで常に数値を確認して不要な余白に気をつけながらスライス作業を進めましょう。

MEMO
Photoshopの「画像アセット(生成)」では、マスクやシェイプの配置ミスが、意図しないサイズの画像を書き出してしまう原因になります。

DESIGN RULE

044 いつまでも捨てられないレイヤー・レイヤースタイル・フィルター

LEVEL

ひよっこ

バックアップを取っておくことと、データを"捨てられない"ことは、まったくの別問題。余分な情報が残ったファイルは重くわかりにくいだけです。

BEFORE

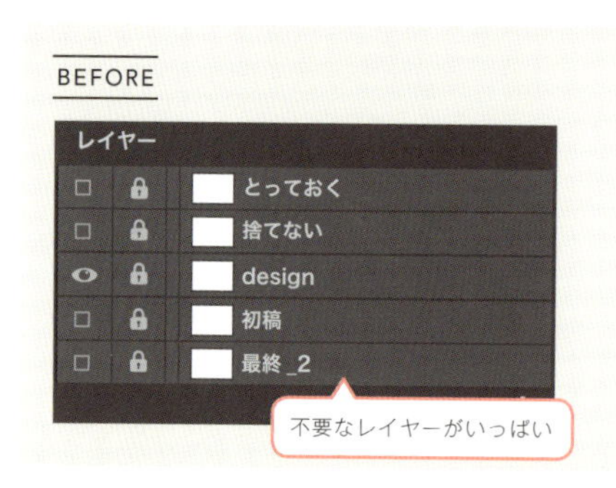

AFTER

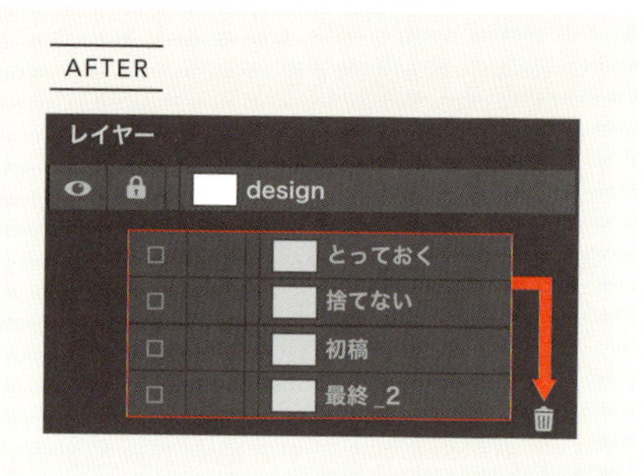

デザイン完了後に、「ゴミ」がないか確認

作業中、いったん保留にしたデザインを非表示にすることはよくありますが、それを残したままにしておくと、当然ですがデータが重くなります。また、コーディング担当者には、それが「不要なデータ」なのか「使用するけれど非表示にしているデータ」なのかの区別がつきません。

そのほかにも、うっかり作ったオブジェクトやテキストレイヤーが残っていたり、効果が掛かっていないレイヤーフィルター、非表示のスマートオブジェクトフィルターなど、「完成したデザインに不要な要素＝ゴミ」は削除しておきましょう Fig1。

MEMO
レイヤースタイルについてはP158を参照してください。

Fig1 「ゴミ」として削除・整理したい項目

Photoshop/Illustrator共通	不要なレイヤー（レイヤーグループ）	スマートオブジェクトに掛かっている非表示のフィルター
Photoshop特有	空のレイヤー 空のテキストレイヤー	効果の掛かってないレイヤースタイル
Illustrator特有	不要なアピアランス	文字ツールやパスの作業による「孤立点」

POINT

- データも重くなる上に「わからなくなる」ゴミいっぱいのデータ
- IllustratorとPhotoshopそれぞれにたまる「ゴミ」要素
- データ完成後に「ゴミ」データを一掃

Illustratorの場合は「孤立点」にも注意

Illustratorでペンツールや文字ツールなどでパスの作業をした際、「孤立点」と呼ばれる無駄なデータが残ることがあるので注意しましょう。

レイヤーのロックをすべて解除した状態で[選択ツール]を選択して、[選択]→[すべてを選択]を選択すると、すべてのアンカーポイント(オブジェクト)が選択されるので、何もないところにアンカーポイントがないか、納品前に一度チェックしましょう。

非表示にしてもレイヤーは残る

ゴミが与える影響は、データが重くなる以上に「わかりにくい」問題の方が深刻です。データが非表示になっていれば問題はないようにも思えますが、「ゴミ」と「デザインパーツ」が入り混じったデータは、修正が生じたときに、どのオブジェクトを触ればよいかがわかりません。

PhotoshopやIllustratorの「レイヤーの非表示」はボタンのロールオーバー(hover)時などの要素のための機能と考えてください。「ゴミを隠す」ために「レイヤーの非表示」を使わないようにして、デザイン完成後にレイヤーの「ゴミ」を整理しましょう。

どうしてもとっておきたいデータがある場合は、レイヤー名や口頭指示にてその旨がわかるような工夫をしましょう。作業用のデータと納品・保存用データを分けるのもよいでしょう。ただし、その場合はデータが2つあることによる先祖返りに注意しましょう。

注意
Photoshopでは一度テキストレイヤーを選択してカンバスをクリックすると、文字を入力していなくてもテキストレイヤーが生成されるので注意しましょう。

DESIGN RULE

045 CMSなどで動的に変化するコンテンツに対応できるデザイン

LEVEL

プロ未満

運営側でサイトを更新できるCMSは、細かな修正やアップデートをタイムリーに反映させるには便利なシステムです。ただ、その自由度や応用範囲が広い分、デザインにも注意が必要です。

CMSとは

CMSはコンテンツ・マネジメント・システム(Contents Management System)の略で、HTMLやCSSなどの専門知識がない人でもブログのようにWebサイトを更新、アップデートできるシステムのことです。インターネット上でホームページ作成ソフトを使って、自分のサイトを直接更新しているようなイメージになります。

MEMO
CMSは無料、有料含め、さまざまなシステムが存在します。現在は、WordPressが世界的にも高いシェアを占めています。

動的に変化していくサイトへの対応策

CMSをはじめとする更新型のサイトは、運営側が新しいページや記事を作成・追加していく、情報が変化するWebサイトです。このような動的に変化していくサイトは、デザインも崩れやすくなります。よくある挙動と対応方法を紹介するので参考にしてください Fig1 〜 Fig3 。

Fig1 文字数の問題

所在地	東京都杉並区
業務	グラフィックデザイン
代表	北村崇

→

所在地	東京都杉並区
業務	グラフィックデザイン, web デザイン
代表	北村崇

左側の項目名と右側の説明文、どちらかが改行した場合のデザインが不明確なため、それぞれが勝手に伸びてしまっています。

指示例

項目名	説明文 1 行サンプル
項目名	説明文 2 行サンプル、背景は左右同調する。
項目名 2 行	説明文 1 行サンプル

→

所在地	東京都杉並区
業務	グラフィックデザイン, web デザイン
代表	東京都杉並区

項目名は縦中央の左揃え、説明文は縦上の左揃え指定に加え、左右どちらかが改行した場合は、対応して背景も伸ばすデザインとします。

コンテンツの内容を変更したり、新規記事(ページ)で想定以上の文字数を入力した場合にデザインが崩れることがあります。たとえば図のような一覧表やテーブルタイプのレイアウトの場合は、あらかじめ改行されたパターンのレイアウトサンプルも作成しておくとよいでしょう。改行時のデザインを参考に構築しておけば、文字数の増減にも柔軟に対応できます。

POINT

- CMSは誰でも更新できるサイト管理システム
- CMSは便利な反面、自由度が高くデザインに影響を与えやすい
- 別のデータだとどうなるか、内容が増減したらどうなるか、を想像する

Fig2 画像の問題

新入り情報！

お店に新しい仲間が加わりました。
リスの「かぼちゃ」くん1歳（♂）です。
どうぞよろしくお願いします。

→

新入り情報！

またまたお店に新しい仲間が加わりました！
「ジョブズ」くん2歳（♂）です。
ぜひ会いに来てください！

縦横比の異なる写真は、あらかじめどう揃えるか決めておかないと、「縦横のどちらかが入りきるサイズ」に、自動的にリサイズされてしまうケースが多くなります。

指示例

元写真

→

元写真

→

縦または横が最小150ピクセル までの位置、縦横中央、丸抜き処理に統一するとデザインが崩れません。

登録される画像がすべて同じサイズ、同じ比率とは限らないので、縦・横・サイズ・容量などの基準がないと、見た目がバラバラになってしまいます。この場合、共通の加工を入れるように指示するとデザインは崩れません。

Fig3 数の問題

固定の幅、固定の数でしか対応できないデザインは、想定以上のコンテンツが入った場合にカラム落ちと呼ばれるデザイン崩れになります。

指示例

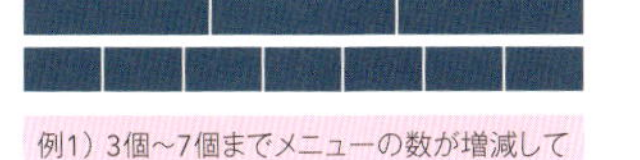

例1）3個～7個までメニューの数が増減しても、等分で表示します。

例2）7個目以降はわざとカラム落ちさせ、背景やイラストなどを指定しておきます。

メニュー、画像、コンテンツ、すべてが追加される可能性のあるCMSでは、数が増えたときのことも考慮しておきましょう。レイアウトの崩れは、奇数・偶数で余白ができる、当初の予定より多い・少ない場合などに多く発生します。「ここからコンテンツが減ったら（増えたら）どうなるか？」を意識してデザインしましょう。

DESIGN RULE

046 パララックスなどの動きのあるデザインの伝え方

LEVEL

ひよっこ

背景のパララックスやスライドなど、静止したデザイン以外の要素を持ったWebデザインが増える中で、そうした動きに対しての指示がないのは困りものです。

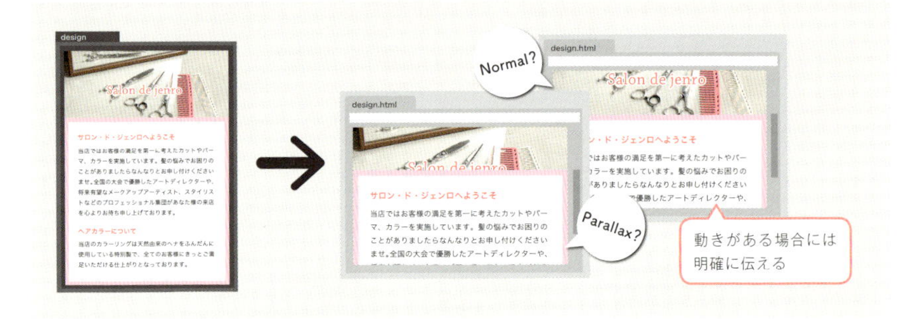

「えっ、コレ動くんだったの?!」を防ぐために

デザイナーとコーディング担当者が異なる場合、デザイナーが意図した「動き」をコーディング担当者が理解できなくては、思い通りのデザインは完成しません。パララックスなど、動きが複雑なデータなどはとくに、どこがどう動くか(変化するか)を明確に伝えるように心がけましょう。

パララックスには背景に写真が配置されたデザインがよく見られます。ところが、何も指示がないと、パララックスとして手前のボックス要素がせり上がってくるのか、それとも背景が固定されているのかは読み取れません Fig1。

これはデータの作り方よりも、コミュニケーションの問題が大きいと思われます。簡単な指示書や動きの見本を添えて依頼するように心がけましょう。

実際にパララックスを採用する場合は、「かっこいいから」という理由ではなく、きちんとしたストーリーを持たせた上で、UXや情報量、対応ブラウザなどの利用環境を考慮して採用しましょう。

用語

[パララックス] スクロール時に画像やテキストなどの要素を別々に動かし、視差効果で立体的にデザインを見せるテクニック。スクロールエフェクトにより情報をユニークに演出できることから、2012年頃より流行しました。

MEMO

パララックスはスクロール値を取得することにより実装可能。既存のjQuery プラグインを導入すると簡単に実装できる場合もあります。

「パララックスなどの動きのあるデザインの伝え方」
を理解してプロのWebデザイナーになるには

POINT

- 動きやエフェクトはデザインデータだけでは伝わらない
- デザインとコードで担当者が異なる場合はコミュニケーションが必須
- タイミングや効果の内容も指示

Fig1 背景と上部メニューが固定となるパララックス

.psd データ

これだけではパララックスかどうかはわかりません。

スクロールした時

スクロールすると、上部メニューと背景画像が固定のパララックスとなり、キャッチコピーのあるボックスが手前にあるように際立ちます。

MEMO

パララックスには、単純に背景を固定するものから、複雑なアニメーションをするものまで、様々な種類があります。「パララックスで」とだけ伝えても、具体的にどこが動き、どこが固定となるのか。その結果、どのような効果があるのかをしっかりと伝えるようにしましょう。

秒数や効果についても指示

トップの画像をスライドショーで切り替えることはよくあります。しかし「トップが切り替わる」と言っても、スライドやフェードなど、そのエフェクトは様々です。また、JavaScriptを使用して秒数をコントロールすることも可能なので、大まかでもその点について指示を出すよう心掛けましょう Fig2。

ボタンやその他のアクションについても、明確な指示を出すことが望まれます。一方で、「ある程度お任せ」でよい場合もあるでしょう。その際も、「ここから先はこうお任せします」など、しっかりとしたコミュニケーションをとるようにしましょう。

MEMO
スライドの場合、下記の要素を指定するとよいでしょう。

①使用画像
②スライドする方向
③切り替える秒数
④ボタンアクションの有無
⑤リンク先の指定
⑥ループの有無
⑦その他エフェクト

Fig2 トップのスライドショーの例

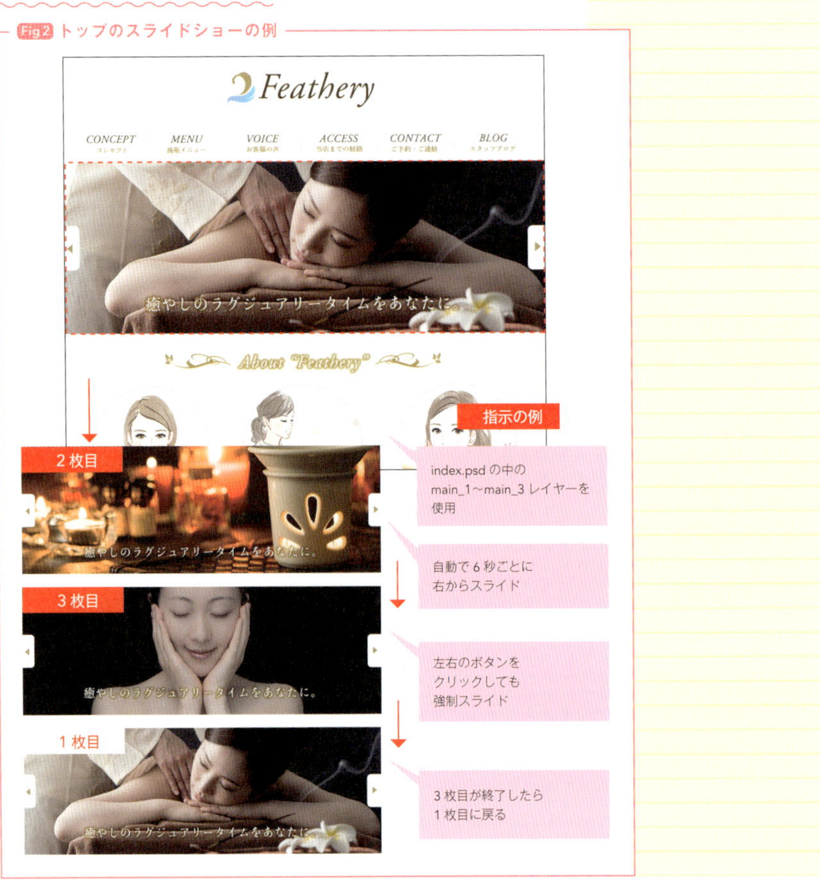

CHAPTER

3

わかりやすい
納品データの作り方

データは大丈夫でも、内容が伝わりにくければ問題ありです。自分ルールのデータ作りではなく、誰が見てもすぐに理解できるデータはプロジェクトが円滑に進みます。ちょっとした整理整頓で、デザインデータはもっとわかりやすくなります。

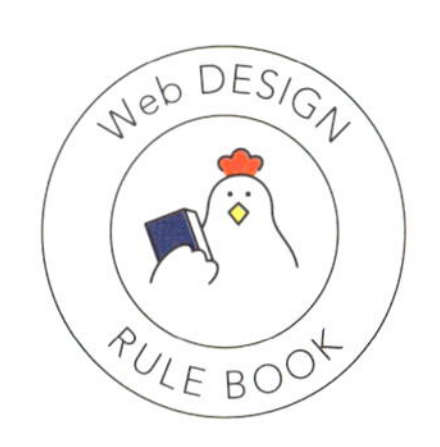

DESIGN RULE

047 要素のサイズはデザインと一緒に決定しよう

LEVEL

プロ未満

Webデザインにとってコンテンツのサイズは非常に重要です。デザイン決定時にサイズがバッチリ決まっていれば、あとは精度を高めていくだけです。

家の設計を基礎工事後に修正するのは大変

Web制作は建築に似ています。家を建てるには、設計図を用意しその通りに建築を進めていくことが重要です。もし、家の基礎工事が終わって間取りが決定した後から、「やっぱりリビングを広くしたい」となったら、リビングだけではなく隣接するキッチンやダイニングにも修正を加えなくてはなりません。当然、それには大幅な時間やお金がかかります。

Web制作もこれと同じです。デザインの決定後にコンテンツやイメージなどのサイズを修正する場合は、修正を希望する部分だけでなく、隣接する要素やサイト全体の構造を見直す必要があることを心得ておきましょう。

MEMO
デザインはいわば「設計図」、コンテンツやイメージは「部屋」にあたります。

デザインを「決定後」に覆さない

「決定」の文字通り、原則として一度決まったものは動かせないと考えましょう。特に、コンテンツ幅などの構造を決定したら、その後のデザイン段階や、修正フローでは微妙なアクションの調整やテキストなどの微調整に注力して、Webサイト全体の完成度を高めるようにしたいものです。静止画であるデザインだけであればまだ対応の余地もありますが、コーディングの工程に入ってしまうと要素のサイズ修正は困難になります。

「覆り」を予防して、きちんと「決定」を

作業チームやクライアントとの間で、きちんとデザインの決定に関して合意を得ておくと「覆り」の可能性を減らすことができます。Bootstrapなどの CSSフレームワークを使用する場合は、とくにコンテンツに関する制限を事前に確認・共有しておき

POINT

- 家もWebも、設計図が決まってから間取りを変えるのは大変
- 特にレスポンシブWebデザインなどではコンテンツの幅が重要
- 本意でない「覆り」を防ぐために「決定」の合意を取ろう

ましょう。

クライアントから「見てみないとわからない」と言われることもあるでしょう。それはWebが専門ではない方からすれば当然の意見です。そのような場合には、類似例や簡単なモック、構造について十分な説明をして、コーディングが済んでからの構造の修正が困難なことを理解してもらい、その上でデザインを「決定」しましょう Fig 1 。ここで起こるトラブルの多くは「説明が足りない」ことが原因です。そこを肝に銘じて、理解してもらえるように根気よく説明するよう心掛けてください。

もし、コンテンツの要素が変わる可能性のある場合（たとえば、後からコンテンツが追加公開される）は事前にその旨を織り込んで設計しましょう。そうすれば「後付け」ではなく「更新」として、スムーズにコンテンツを追加できるようになります。

MEMO
E-コマースなど、デザインを含めて常に試行錯誤すべき案件もあります。A／Bテストの実施など、「何度も往復する」こと自体は決して悪いことではありません。ただ、基本的な設計（幅など）に関して合意が曖昧だと後々になって手間がかかることに変わりはありません。

Fig 1 決定の明確化で「作り直し」が起きにくいフローに

「決定」が曖昧だと、作り直しになりがち

「決定」があれば覆りにくい

DESIGN RULE

048 修正点がハッキリしているデータは“間違い探し”が不要になる

どこを修正したのかがわからないデータは、コーディングの担当者も困ってしまいます。修正点を明確にして、「間違い探し」をさせないスマートなデータ作りと、その運用方法を考えましょう。

修正点が不明確だと間違い探し状態に

デザインの修正が発生した場合は、完成後のデザインデータに修正を加えてコーディングを行います。ただ、修正データを単純に上書き保存や別名保存してしまうと、「どこを修正したのか」が不明確になります。デザイナー自身がコーディングしない場合は、変更箇所を明確にする工夫が必要です。

たとえば、修正したレイヤーの名前に日付と「修正」の文字を入れたり（例：1013_修正）、修正が発生したレイヤーのレイヤーパネルを開いておくなど、データの中でも伝える工夫が重要です。不毛な「間違い探し」を防止するために、見た目以外のデータ構造上でも、修正箇所を明確に伝えましょう。

MEMO
添え書きなどによるデザインデータ外での修正指示も検討しましょう（P120も参照）。

複数人で作業する場合は事前に運用ルールを決めておく

デザインとコーディングの担当が異なる場合、コーディング担当者が下準備としてレイヤー整理やレイヤーの名前の変更をしている場合があります。コーディング担当者から変更後（下準備済み）のデータをもらって作業をすると、修正後に再度レイヤーを整理しなおす二度手間がなくなります。デザインからコーディングまでのワークフローを理解したうえで、修正が発生した場合のデータの受け渡しについて事前に検討しておきましょう Fig1。

MEMO
デザインや作業者によっては、コーディング前のレイヤー整理の段階で、コーディングに不要なレイヤーを削除する場合もあります。ここで紹介した、「デザイナーが整理後のデータをあつかう」場合は、事前にその旨をコーディング担当者と相談しておくとよいでしょう。

修正履歴を把握して工数管理

修正した箇所をわかっているデザイナーが、自らコーディングする場合でも修正した場所などをはっきりさせておきましょう。

POINT

- 「間違い探し」不要のデータは修正漏れなどのミスも減る
- 生成準備前のデータからデザイン修正してしまうのも時短になる
- 個人で作業する場合も修正履歴の把握は大切

Fig 1 コーディング担当者とコミュニケーションをとった修正を

修正履歴を把握することは工数管理にも繋がります。履歴を把握する方法としては、前述したレイヤーの場合と同様に、ファイルを修正ごとに複製した上で、ファイル名に修正日や校正回数の表記を付ける方法が一般的です。その際、新旧データの混在によるデータの先祖返りには十分注意しましょう。

「Pixelapse」Fig 2など、バージョン管理のサービスを使うのも方法の一つです。なお、法人で使用する場合などはライセンス契約が必要なサービスもあるので、利用にあたっては各規約を一読しておきましょう。

Fig 2

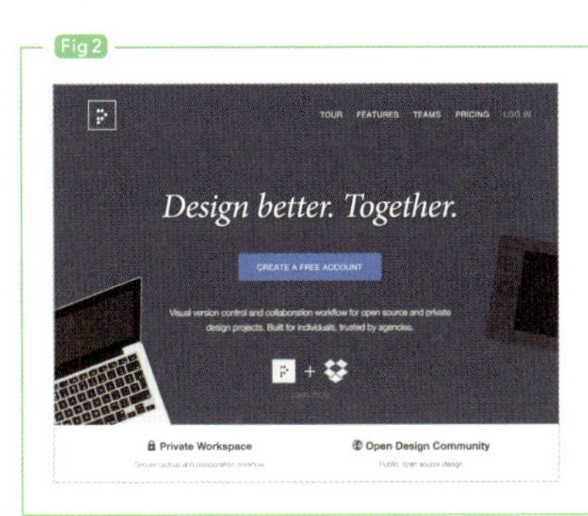

Pixelapse
https://www.pixelapse.com/
デザインファイルのバージョン管理ができるサービス

DESIGN RULE

049 デザインデータ以外にも、添え書きや注釈で詳細に指示

LEVEL

確認作業には双方の手間がかかります。「こんな時どうする？」というケースに対して、デザイナーはそれを先回りして添え書きや注釈をメモに書いて渡しておけば、かなりの手間が省けます。

デザインデータだけを納品すればOK？

今日のWebデザインでは、ロールオーバー（hover）などのマウスアクションによって、色などの状態が変化するものが数多くあります。そのような状態変化については、デザインデータや口頭で必要事項を伝えることが大切です。さらに、データと一緒に詳細をまとめた「添え書き」を付けると、よりわかりやすくなり確認の手間も省けます。

「添え書き」の内容の基準と考え方

「添え書き」はあくまで補助的なものなので、特に決まったフォーマットはありません。PhotoshopやIllustratorのデータ内に別途レイヤー（レイヤーグループ）を作成したり、別のファイルを用意したりする方法や、テキストファイルとして一緒に納品する方法もあります Fig1 。

色などのカラーコードは、コピー＆ペーストで済むような形式が望ましいでしょう。ただ、動きがあるパララックスなどに関しては、手書きのスケッチ（絵コンテ）などのほうがわかりやすくな

Fig1「共通の情報や処理」を示した添え書きの例

POINT

- デザインデータと一緒に「添え書き」を同梱
- デザインデータでは「伝わりづらい」情報を記述
- 動きに関しては手書きのスケッチなども有効

ります Fig2 。デザインや相手によって「伝わりやすい」方法を考えましょう。

次に、「添え書き」に何を記述するかです。基本は、psdやaiファイルでは「伝わりづらい」ことについて記載します。それでは、具体的に何が「伝わりづらい」のかについて考えてみましょう。

1つ目は、共通の情報や処理です。たとえば、コーポレートカラー、テキストやリンクの共通カラーや処理などは、複雑なデザインデータの場合はデータを調べるよりもカラーコードの一覧情報があった方がわかりやすいでしょう。

2つ目は、イレギュラーの処理です。見出しのテキストが2行以上になったらどうなるのか？ データ以上のウィンドウサイズになったらどうなるのか、レスポンシブWebデザインでスマートフォンを横にしたときにはどうなるのかなど、ファイルでは伝えにくいことを記述していきましょう。

3つ目は、動きをともなう処理です。ロールオーバーやスクロール、スライドなどのアクションがともなう場合は、どのように表示されるのか、どの位で切り替わるのかなどはデザインデータからは得られない情報です。自分がコーディングする立場になって考えるような訓練が必要です。

Fig2 手書きによる指示例

メインビジュアル（ヒーローイメージ）
ロゴのアニメーションについて

- ロゴだけ１秒程度でゆっくりフェードインさせたいです。
- 女性の首あたりからスタートして、メインエリアのセンターで止まる感じでお願いします。

Beachcom
Beachcom

MEMO
添え書きの例として、本書で使用したサンプルサイトをもとにした「デザインマニュアル」を巻末に掲載していますので参考にしてください（P214）。

DESIGN RULE

050 デバイステキストの特性を理解して活用しよう

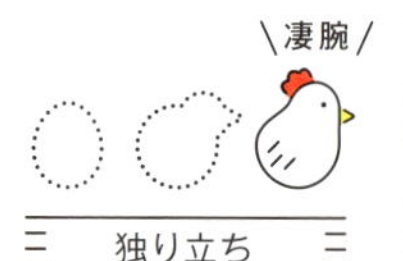
LEVEL
\凄腕/
独り立ち

印刷物のデザインで注力するのが「文字の間隔の調整」ですが、Webではそれが裏目に出てしまうこともあります。要所要所で使い分けていくとよいでしょう。

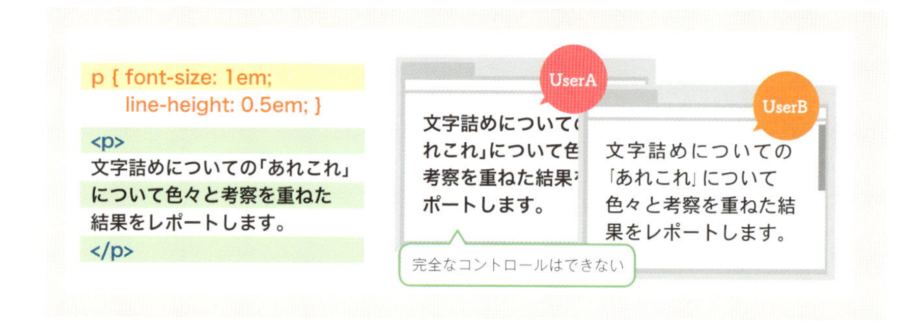
p { font-size: 1em;
line-height: 0.5em; }
<p>
文字詰めについての「あれこれ」について色々と考察を重ねた結果をレポートします。
</p>
UserA
文字詰めについて(
れこれ」について色
考察を重ねた結果を
ポートします。
UserB
文字詰めについての「あれこれ」について色々と考察を重ねた結果をレポートします。
完全なコントロールはできない

文字間・行間を再現することの限界を知ろう

印刷物のデザインでは、文字同士や行同士の間隔を細部に渡って調整します。文書やデザイン全体の「和」を意図しながら、文字をより読みやすく工夫するのがデザイナーの仕事です。もちろんWebデザインでも基本的な考え方は同じです。ただ、P042などでも触れているように、Webではユーザーの閲覧環境（デバイス・OS・ブラウザの種別・ブラウザの設定）などに最終的な見栄えを左右されてしまいます。

デバイステキストの文字同士の間隔や、1行の文字数や改行位置、行数を厳密に指定することはできません。PhotoshopやIllustratorで文字の間隔を調整しても、それを反映することは困難です。基本のフォントを指定するに留めておき、文字がはみ出（オーバーフロー）しそうなギリギリのテキストエリア（高さ）の指定は避け、閲覧環境が多少変わっても問題のないゆとりをもたせた設計を心がけましょう。

字間・行間を反映させるには「画像化」

揃えた文字間や行間を厳密に反映するには、画像として書き

MEMO
本文のデバイステキストのフォントを強くこだわりたい場合は、Webフォントを使用するとよいでしょう。ただ、多くの日本語フォントは有料のため、事前にチーム内・クライアントとの相談が必要です。

MEMO
改行についてはP082も参照してください。

POINT

- デバイステキストで表示する部分は文字詰めや行数指定を避ける
- 画像化のデメリットをしっかり把握して、何のための文字組みかを考えよう
- 画像化するなら文字詰めには細心の注意を

出してimg要素で配置する方法があります。ただ、閲覧性の問題やSEOの問題から多用は推奨されません。

固定された大きさに書き出された画像(に表記されている文字)は、デバイスのサイズに大きく左右されます。たとえばPC用に幅960ピクセルの細い文字で組まれた本文テキストをスマートフォンで表示すると、ピンチインして拡大しないときちんと内容を読むことはできません Fig1 。

MEMO
特殊なフォントを使用して「画像」化していると、そのフォントの所有者しか更新できないというデメリットもあります。

Fig1 「文字の画像化」による可読性の低下イメージ

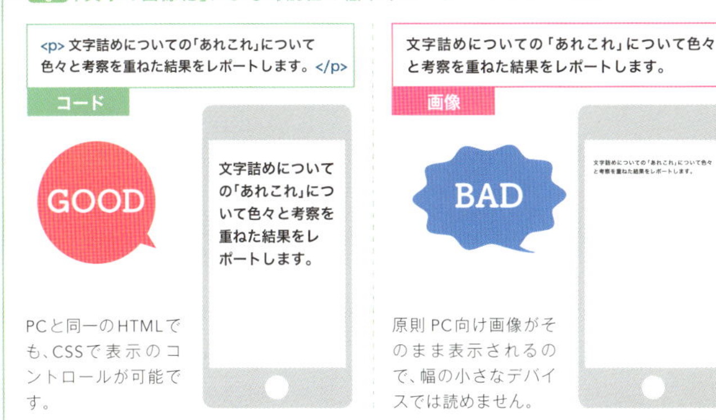
<p> 文字詰めについての「あれこれ」について色々と考察を重ねた結果をレポートします。</p>
コード
GOOD
文字詰めについての「あれこれ」について色々と考察を重ねた結果をレポートします。
PCと同一のHTMLでも、CSSで表示のコントロールが可能です。
文字詰めについての「あれこれ」について色々と考察を重ねた結果をレポートします。
画像
BAD
原則PC向け画像がそのまま表示されるので、幅の小さなデバイスでは読めません。

また、現在のロボット型検索エンジンはページ内の文章の構造や内容を評価して順位を決定する仕組みが主流なため、SEOの施策という観点から見ても、画像ばかりのサイトは最適とは言えません。

一方でキャンペーンサイトやランディングページなど、テキスト画像を多用したサイトは数多く存在します。テキスト画像が一概に悪いとは言えません。しかし、CSSで表現できる幅が広がっていることや、マルチデバイス対応、SEOなどの観点から、特に本文テキストの安易な画像化はWebデザインにおいては避けるようにしましょう。

DESIGN RULE

051 ファビコン・アプリアイコン・OGP画像の準備は万全？

LEVEL

閲覧者は、あなたが作ったWebデザインを見たあとに「お気に入り」や「シェア」をします。そのためのアイコンは欠かすことができない要素です。

各種アイコンを用意しよう

PCのブラウザ上で、タブ部分や「ブックマーク（お気に入り）」に入るとサイト名の前にアイコンが表示されることがあります。このアイコンを「ファビコン」といいます。iOSやAndroidのスマートフォンやタブレットであれば、「ブックマーク（お気に入り）」したサイトはブックマークアイコンとしてホーム画面に表示され、アイコンから直接サイトへアクセスできるようになります。また、TwitterやFacebookなどのSNSであれば、OGP画像と呼ばれるサムネイル画像を設定することで、意図した画像を表示させてシェアすることが可能です。これらは、サイトのブランディングやリピート集客には欠かせない要素です Fig1。

Fig1 アイコン設定の有無による表示の違い

アイコン種別	設定あり	設定なし
ファビコン（cromeの場合）	Feathery|エステ / feathery-heal	Feathery|エステ / feathery-heal デフォルトアイコン
ブックマーク/Webクリップアイコン（iOSの場合）	Feathery	Feathery サムネイルの一部を表示する。
OGP（facebookの場合）	Feathery|エステサ フランス由来の伝統 表示サイズは複数パターン（図は正方形での表示例）	Feathery|エステサ フランス由来の伝統 ページ内で使用している画像を投稿画面で1つ選択。

用語
[ファビコン]favorite icon（フェイバリット・アイコン=お気に入りのアイコン）が語源です。拡張子はicoですが、pngやgifを用意して、オンラインジェネレーターを使って変換するのが便利です。

FavIcon Generator
http://tools.dynamicdrive.com/favicon/

favicon.ico（ファビコン）変換ツール
http://favicon.7zone.org/

用語
[OGP]Open Graph Protocolの略。SNSでのシェア画像やテキストをサイト側のmetaタグで設定する規格で、FacebookやTwitter以外でも、mixiやGREEなどが採用しています。SNS側の仕様変更が多いので、各サービスのWebページで仕様を直接確認しましょう。

OGP公式サイト
http://ogp.me/

POINT

- 各種ブックマーク&ソーシャルアイコンも用意する
- OGP画像の場合は表示のされ方と配置に注意
- サイズや表示方法は日進月歩で進化。公式リファレンスをチェック

横長OGP画像の作り方

2016年現在、FacebookのOGP画像のサイズは180ピクセル四方以上、1200ピクセル×630ピクセルの横長サイズ以内が推奨されます。面積が大きい分、文字などの訴求内容も多く盛り込めますが、シェアのされ方やユーザーの環境によっては自動でマスクがかかり、正方形で表示されることもあります。Facebookなどの横長OGPに関しては、このマスクを意識して、重要なメインビジュアルやコピーは中央に配置し、どんな環境でも表示されるようにしておきましょう。

サイズや設置方法

ブラウザやOS、デバイス、Webサービスの仕様変更により、OGP画像のサイズや設置方法は日々更新されます。公式サイトを確認した上で設置するのが望ましいでしょう Fig2。

Fig2 FacebookのOGP設置

```
<meta property="og:title"content="記事タイトル" />
<meta property="og:type"content="article" />
//トップページはwebsite、個別ページはarticle
<meta property="og:description"content="説明" />
<meta property="og:url"content="記事URL" />
<meta property="og:image"content="画像URL" />
<meta property="og:site_name"content="サイトタイトル" />
<meta property="og:locale"content="言語" />
```

指定した<meta>タグを埋め込み、Debugger（https://developers.facebook.com/tools/debug/）へアクセスして確認を行います。エラーの場合は警告が表示されます。

MEMO
OGP画像シミュレータ
http://ogimage.tsmallfield.com/
設定したFacebookのOGPがどのように見えるのかを確認できるサイトです。

052 共通部分の"どこが最新か"がわかるデータに

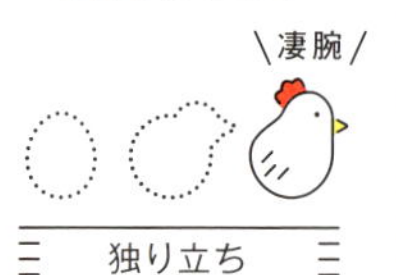

headerなど共通要素の修正が複数回にわたると、似たような見た目の異なるデータが混在してしまう場合があります。どこが最新なのかがわかる工夫をしましょう。

ヘッダーのデザインが古くて基準がわからない

headerやfooter、navなどの「共通要素」があるページは、データを複製してページの量産をしてから、内容のデザインに取り掛かることがあります。とはいえ、「共通要素」に修正が発生することも、よくあります。そのときに1つのファイルを修正しても、ほかのページの該当箇所に修正は反映されません。そのままの状態でコーディング担当者に渡してしまうと、どれを基準に修正を進めてよいかがわからなくなります。

これらの問題を解消するためには、以下の2つの方法があります。

❶共通要素専用のファイルを準備する

1つ目は、共通要素専用のデザインファイルを用意する方法です。その場合、ページ用のデザインデータは、共通要素専用のファイルから書き出した統合画像を「アタリ画像」として配置すれば、ファイル容量も軽量になります。また、「アタリ画像」であることもすぐに判断できて一石二鳥です。デザイナーとコーディング担当者が異なる場合は、共通要素専用のファイルが存在することをしっかり伝えましょう。

❷各ソフトの「リンク配置」を利用する

❶で紹介した方法は簡単に運用できる反面、ページに配置している他の「アタリ画像」が古いままになってしまう弱点があります。また、共通要素に修正が重なると「アタリ画像」と実際の要素の見た目が離れていってしまう可能性もあります。

これを解消する方法が、Illustratorの［配置］やPhotoshop

MEMO
修正箇所の明確化についてはP118を参照してください。

用語
［アタリ画像］位置や雰囲気を確認するために配置しておく仮画像を「アタリ画像」（アタリデータ）と表現します。

POINT

- 修正が進んでから「共通要素」に修正が入ることを知っておく
- 「共通要素」専用のファイル+「アタリ画像」で軽量運用
- 最新のアプリケーションなら「リンク配置」を活用

の[リンクを配置]による一括管理です Fig1。

まず、header.psd(.ai)というデータを作り、index.psd(.ai)に[リンクを配置](Illustratorの場合は[配置])します。footerやnav要素などの共通要素も同様に配置します。[リンクを配置]で配置した([埋め込み]をしていない)要素は、元のheader.psd(.ai)を編集すれば、リンクされたすべてのデザインファイル上のheader部分が自動的に最新版に置き換わります。なお、リンク元となるパーツのpsdデータがないと表示できないので、コーディング担当者へは必ずheader.psdなどのパーツのリンク元も一緒に同梱して提出します。

Photoshopの[リンクを配置]機能はPhotoshopCC2014からの新機能です(それ以前の[配置]はすべて[埋め込みを配置]に該当します)。チームのメンバーがバージョンの古いPhotoshopを使用している場合は❶で紹介した方法を使いましょう。

MEMO
PhotoshopのスマートオブジェクトについてはP162を参照してください。

MEMO
Illustratorの[配置]におけるデフォルトは、Photoshopの[リンクを配置]に相当します。リンクした画像はどちらもリンクの「元画像」が必要です。

MEMO
リンク元のデータのフォルダなどの位置が変わってしまうと、ファイルが正常に表示できないので注意してください。

Fig1 共通要素を作り[リンク配置]

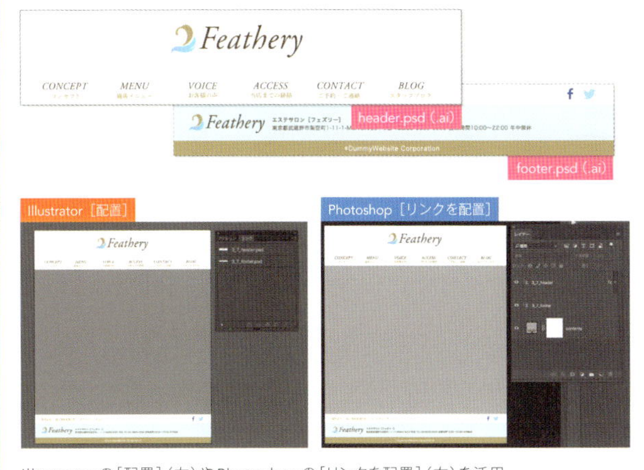

Illustratorの[配置](左)やPhotoshopの[リンクを配置](右)を活用

DESIGN RULE

053 検索を前提にしてレイヤーを命名する

LEVEL

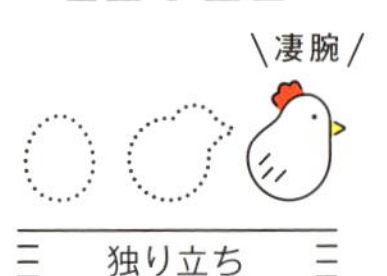

レイヤー整理の重要性はWebデザインには欠かせない要素です。Photoshopの「レイヤー検索」機能を使うことを前提に、見つけやすいレイヤー名を考えてみましょう。

多彩な検索が可能なPhotoshopのレイヤー機能

Photoshopのレイヤーは9つの検索項目から、詳細な検索ができます。レイヤー整理の段階でもこの機能は活躍します。さらに、生成のためにレイヤーをリネームする際も色々と便利に使用できます Fig1 。レイヤーが多くなりがちなPhotoshopでは積極的に活用したい機能です。たとえば⑤の属性はプルダウンから「空白」を選べば、不要なゴミレイヤーの削除にも役立ちます。

MEMO
Photoshopのレイヤー機能についてはP142のほか、P144も参照してください。

MEMO
ここで紹介している検索項目はPhotoshopCC2015に準拠しています。

Fig1 様々な条件で検索可能なレイヤー機能

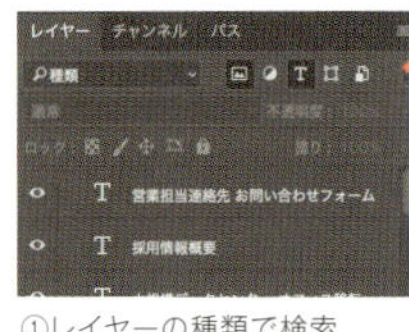

①レイヤーの種類で検索

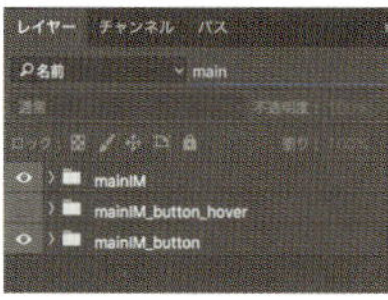

②レイヤー・レイヤーグループの名前で検索

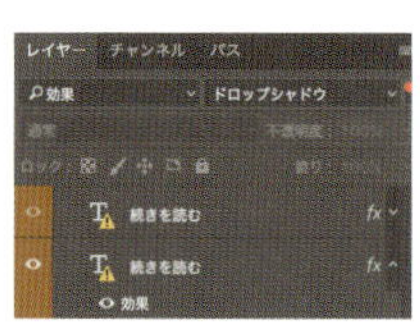

③効果（レイヤースタイル）で検索

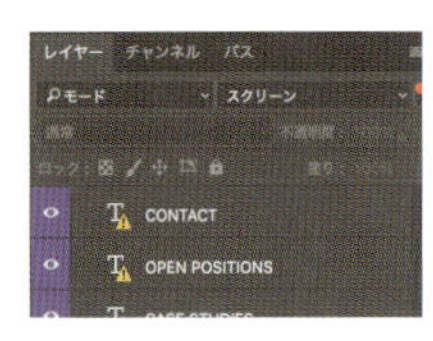

④モード（レイヤーの描画モード）で検索

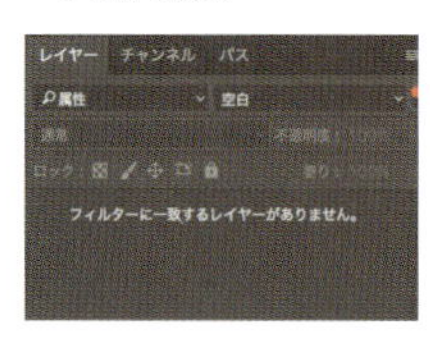

⑤レイヤーの属性で検索

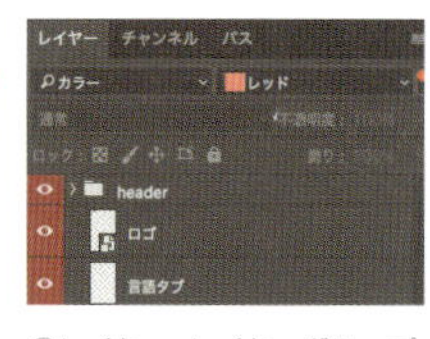

⑥レイヤー・レイヤーグループのカラーで検索

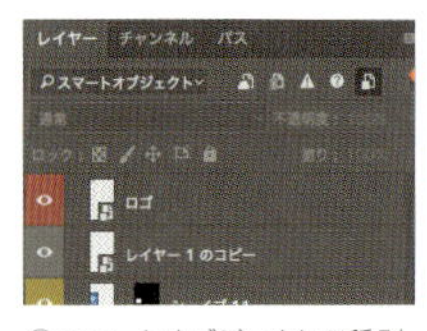

⑦スマートオブジェクトの種別で検索

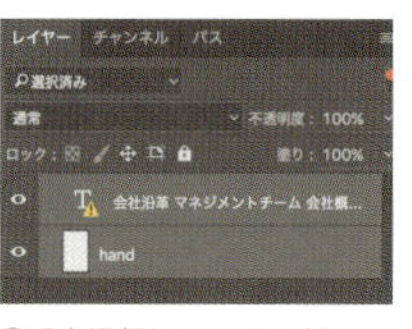

⑧現在選択しているレイヤーで検索

⑨アートボードで検索

POINT

- Photoshopレイヤーパネルの「検索」を便利に使おう
- レイヤー名を整理しておくと「名前」での検索がしやすい
- 検索性を考えて、同じカテゴリーに属する画像は「部分一致」する命名を

検索性を考えたレイヤー名とは？

様々な検索が可能なレイヤーパネルですが、画像生成のためにレイヤーをリネームする場合は、②の「名前」を活用する場合が多いです。その際に、検索性を考慮して、同じ要素を含むレイヤーには部分一致する共通の名前をつけておきましょう。たとえば、Fig2のように、3つの画像それぞれのレイヤーに「部分一致する名前」を与えてみましょう。

ユニーク（固有）の名前の前にimg_という接頭辞をつけると、img_+「名前」で検索できるようになり、その後のレイヤー整理が楽になります。さらにカテゴリーがある場合は「img_和食_カレー」のようにカテゴリーを記載すれば、3タイプの検索が可能になるので、画像やテキストが増えても目的の画像群を簡単に探せます。

MEMO
「img」だけだと「img」での検索はできますが、どのレイヤーにどの画像があるかはわからず、再度書き出し用にリネームが必要となります。数字の連番についても同様です。

△「img」「img」「img」

△「img1」「img2」「img3」

○「img_カレー」
「img_ご飯」
「img_牛丼」

○「img_和食_カレー」
「img_和食_ご飯」
「img_和食_牛丼」

Fig2 検索を考慮したレイヤー名の例

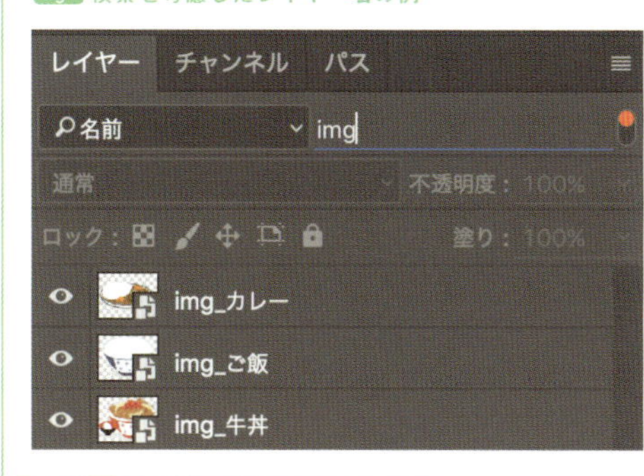

例では、和文と英数が混在していますが、デザイン担当者がコーディングも兼ねる場合は、この時点で、書き出しのための名前（半角英数）を命名しておくとよいでしょう。

DESIGN RULE

054 カンプ外の指定ではHTMLエレメント一覧を用意する

LEVEL

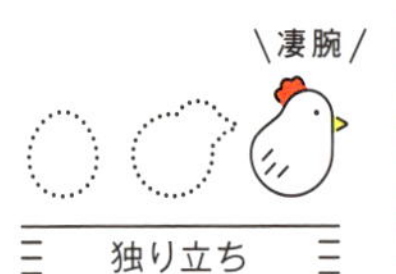

Webサイトは納品して終わり、となることはめったにありません。運営者がページを追加しても同じトーンのデザインが保たれるように、事前にパーツを用意するようにしましょう。

ページだけでは終わらないWebデザイン

よくあるトップページ、サービスなどのコンテンツ用ページ、お問い合わせ用のフォームなど、一通りのページデザインを作成し、進めていくことが多いでしょう。ただ、Webデザインはそれだけで終わりません。

たとえば、デザインの段階ではタイトル要素はH1～H3までだったが、実際にサイトを運営するとH4やH5も必要になったり、当初は使用していなかったテーブルが運用上で必要になったりすることなどがあります。また、CMSやECサイトなどを運用していく中で、クライアントやユーザー側で要素を追加するケースもあります。

そこで、Webデザインは画面データのみでなく、それ以外の、主要なHTMLエレメントなどのデザインを用意するようにしましょう。

必須項目のエレメント

h1～h6(タイトル)

タイトルを意味するh要素は1から6まであります。6まではあまり使われませんが、余裕があれば用意しましょう。また、デザイン上でH2とH3などが同じ見た目になるようなデザインは避けるようにしましょう Fig1 。

Fig1

—Heading H1「基本タイトル」—

Heading H2「基本タイトル」

Heading H3「基本タイトル」

Heading H4「基本タイトル」

Heading H5「基本タイトル」

Heading H6「基本タイトル」

MEMO

ファビコンやアプリアイコンなども、ページデザインなどカンプ外で必須のパーツです。こちらも忘れないようにしましょう。ファビコンやアプリアイコンについてはP124を参照してください。

POINT

- デザイン時だけではなく運用時のことを考えてデザインする
- タイトル、リンク、リストなどは必ず用意しておこう
- ブログやCMSなどの場合は画像のレイアウトにも注意

a:link、a:visited、a:hover、a:active（リンク）

リンクは通常時、訪問済み、ロールオーバー時、クリック時の4種類が基本です。クリック時などは使用しないこともありますが、デザイン上で必要な場合はこちらもすべて事前に用意しておきます Fig2。

Fig2

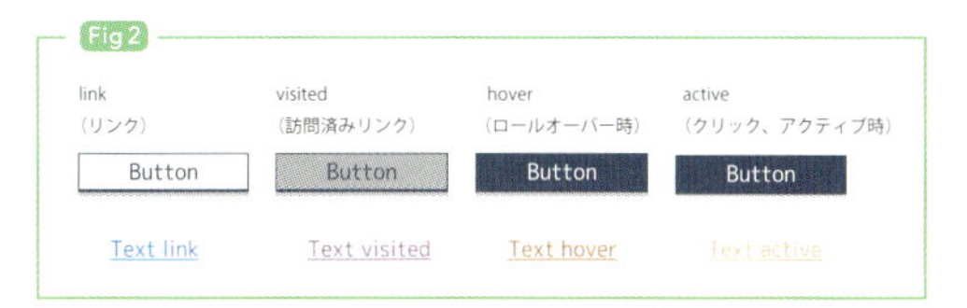

p（本文）

デバイステキストで表示する通常テキストです Fig3。フォント、サイズ、色などの他に、行間や文字間なども考えておくとよいでしょう。

Fig3

hr（区切り線）

コンテンツや要素をいったん切り替える際に使われる区切り線（横線）です Fig4 。通常は1〜2ピクセル程度のボーダーを指定することが多いのですが、画像を入れることもできます。

Fig4

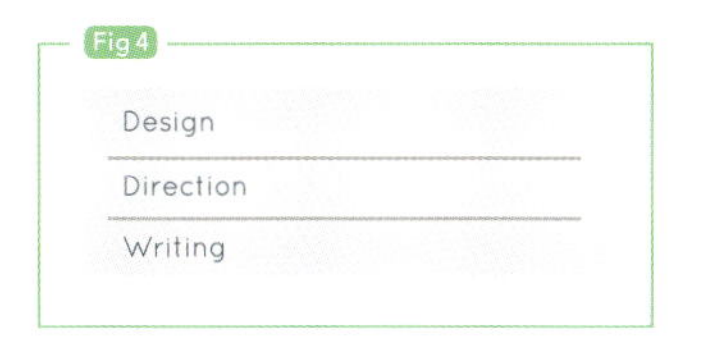

MEMO
スマートフォンの場合はhover（ロールオーバー）がないので、代わりにactive（タップ時）をデザインしておくとよいでしょう。

DESIGN RULE
054 カンプ外の指定ではHTMLエレメント一覧を用意する

ul（順不同リスト）

ulは順不同な箇条書きなどに使います。デフォルトでは、頭に「●（黒丸）」が付きますが、白丸や四角なども表示できます。またデザインの自由度は高いので、背景に画像を入れたり、オリジナルでアイコンを入れることもあります。

ol（序列リスト）

olは順番に意味がある場合のリストに使用します。こちらは通常数字で表示され、ローマ数字やアルファベットに変更が可能です。

dl（定義リスト）

dlはただの箇条書きではなく、用語や定義の項目名と説明文を表示するリストです。用語だけ、説明文だけを並べる場合は、dlではなくulやolを使用します。

これらのリストは Fig5 のように表示されます。

MEMO
dl要素に内包されるものとしてdt要素（定義）やdd要素（定義の説明文）があります。

Fig5 リストの指定例

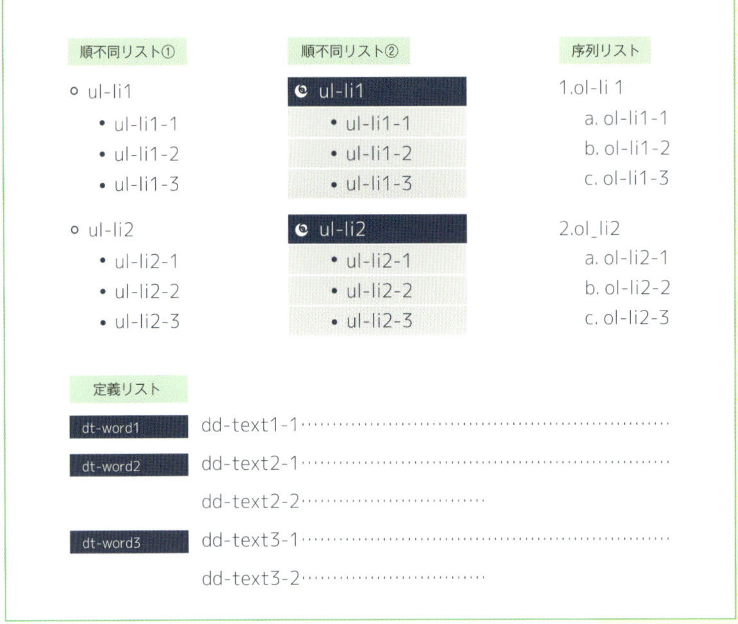
順不同リスト①
ul-li1
ul-li1-1
ul-li1-2
ul-li1-3
ul-li2
ul-li2-1
ul-li2-2
ul-li2-3
順不同リスト②
ul-li1
ul-li1-1
ul-li1-2
ul-li1-3
ul-li2
ul-li2-1
ul-li2-2
ul-li2-3
序列リスト
1.ol-li 1
a. ol-li1-1
b. ol-li1-2
c. ol-li1-3
2.ol_li2
a. ol-li2-1
b. ol-li2-2
c. ol-li2-3
定義リスト
dt-word1
dd-text1-1
dt-word2
dd-text2-1
dd-text2-2
dt-word3
dd-text3-1
dd-text3-2

内容次第で必要なエレメント

table（テーブル）

表組みコンテンツです Fig6 。見出し（th）とデータ（td）で表にするので、項目名と内容でデザインをしてあげるとよいでしょう。ただし、近年はレスポンシブWebデザインが増えているので、可変時の表現はあらかじめ相談するようにしましょう。

Fig6

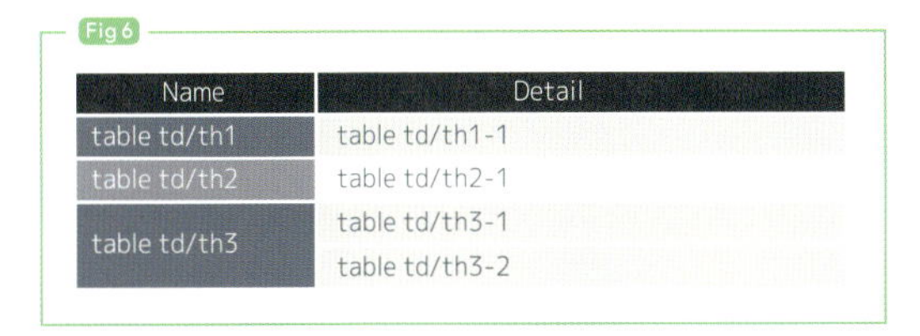

Name	Detail
table td/th1	table td/th1-1
table td/th2	table td/th2-1
table td/th3	table td/th3-1
	table td/th3-2

pre（整形済みテキスト）

このタグで挟んだコンテンツは、文中のスペースや改行をそのまま表示します。通常のサイトではあまり見かけないかもしれませんが、詩やソースコードなどで、意図的に改行やスペースを入れて表示したい場合などに利用します Fig7 。

Fig7

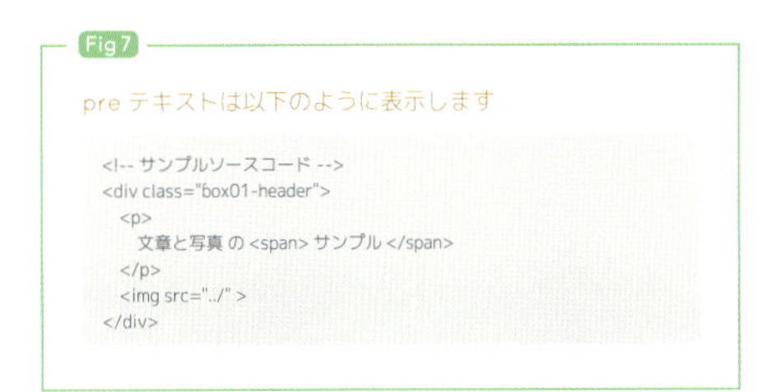

pre テキストは以下のように表示します
<!-- サンプルソースコード -->
<div class="box01-header">
<p>
文章と写真 の <span> サンプル </span>
</p>
<img src="../" >
</div>

blockquote（引用）

記述内容について引用があるようなサイトで使用します。通常だとインデント（頭下げ）が設定されています Fig8 。

Fig8

blockquote は以下のように引用表示します

> 吾輩は猫である。名前はまだ無い。
> どこで生れたかとんと見当がつかぬ。何でも薄暗いじめじめした所でニャーニャー泣いていた事だけは記憶してる。吾輩はここで始めて人間というものを見た。しかも

DESIGN RULE

054 カンプ外の指定ではHTMLエレメント一覧を用意する

記述方法は様々だがデザインとして必要な物

画像のキャプション

図版や写真など、画像の下に入る説明文などです。

画像の配置パターン

右寄せ、左寄せ、中央寄せ、全幅表示など、複数パターン用意しておきます。この際、キャプションもセットで考えておきましょう。これらはFig9のように表示されます。

Fig9 図版のキャプションと配置パターンの指定

caption

I wanted to go and look at a place right about the middle of the island that I' d found when I was exploring; so we started and soon got to it, because the island was only three miles long and a quarter of a mile wide.This place was a tolerable long, steep hill or ridge about forty foot high. We had a rough time getting to the top, the sides was so steep and the bushes so thick. We tramped and clumb around all over it, and by and by found a good big cavern in the rock, most up to the top on the side towards Illinois. The cavern was as big as two or three rooms bunched together, and Jim could stand up straight in it. It was cool in there. Jim was for putting our traps in there right away, but I said we didn' t want to be climbing up and down there all the time.

caption

I wanted to go and look at a place right about the middle of the island that I' d found when I was exploring; so we started and soon got to it, because the island was only three miles long and a quarter of a mile wide.This place was a tolerable long, steep hill or ridge about forty foot high. We had a rough time getting to the top, the sides was so steep and the bushes so thick. We tramped and clumb around all over it, and by and by found a good big cavern in the rock, most up to the top on the side towards Illinois. The cavern was as big as two or three rooms bunched together, and Jim could stand up straight in it. It was cool in there. Jim was for putting our traps in there right away, but I said we didn' t want to be climbing up and down there all the time.

caption

I wanted to go and look at a place right about the middle of the island that I' d found when I was exploring; so we started and soon got to it, because the island was only three miles long and a quarter of a mile wide.This place was a tolerable long, steep hill or ridge about forty foot high. We had a rough time getting to the top, the sides was so steep and the bushes so thick. We tramped and clumb around all over it, and by and by found a good big cavern in the rock, most up to the top on the side towards Illinois. The cavern was as big as two or three rooms bunched together, and Jim could stand up straight in it. It was cool in there. Jim was for putting our traps in there right away, but I said we didn' t want to be climbing up and down there all the time.

CHAPTER

4

Photoshopの上手な使い方

Webデザインといえば Photoshop！ 基本の設定を行うだけでなく、便利な機能もしっかり活用すれば、修正に強いうえに制作時間も短縮できます。Photoshopをマスターして、一歩先行くWebデザイナーを目指しましょう。

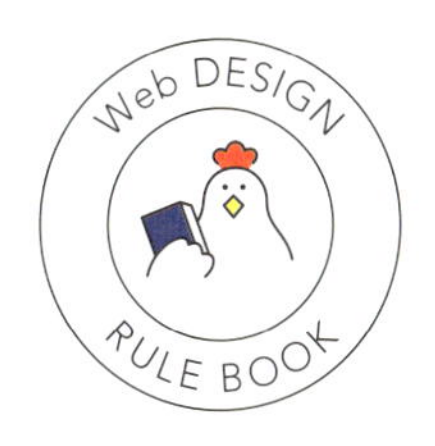

DESIGN RULE

055 デザインする前に Photoshopの単位を揃えよう

LEVEL

必須

プロ未満

Photoshopを立ち上げたら、まずピクセルの世界を設定しましょう。グリッドやガイドを設定することで、後々に発生する数値の乱れも防げます。きちんと設定できたら、いよいよデザインの開始です！

pixel
guide
grid
Webはピクセル単位でデザインする

Webデザインの世界はpixelが基本

Photoshopは、その名の通り写真の補正や加工が得意なソフトです。また、Webを中心としたデジタルデザインの現場でも利用されています。Webでも、紙でも、時には動画でも活躍できてしまう万能選手、それがPhotoshopです。だからこそ、最初に「Web用の設定」を行うことが必要となります。

まずはじめに「単位」を設定します。Webではピクセルが基本単位となります。[Photoshop〔編集〕]→[環境設定]→[単位・定規]を選択し、[定規]と[文字]の単位を「pixel」に変更して、ピクセルを統一の単位として使用しましょう Fig1。

注意
本書ではWindowsとMacで操作が異なる場合は、Windowsにおける操作を〔〕内に示しています。

Fig1 [環境設定]で単位を設定

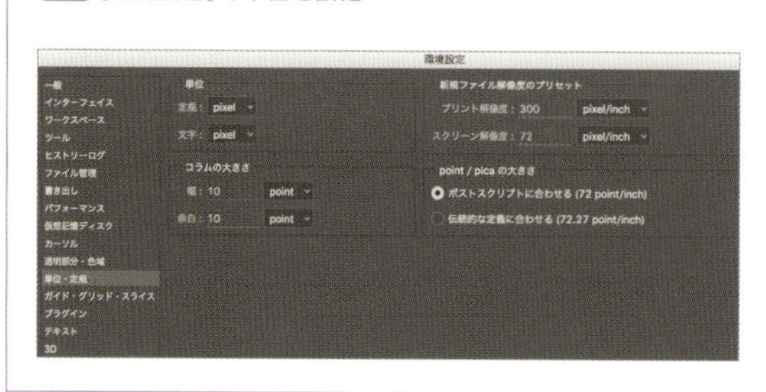

[Photoshop〔編集〕]→[環境設定]→[単位・定規]を選択して、[定規]と[文字]の単位を「pixel」に変更します。

POINT

- PhotoshopをWebデザイン用に最適化
- 環境設定で単位をピクセル(pixel)に統一
- グリッドの目盛りもピクセルに揃えて準備万端に

グリッドの単位もピクセルに

次に、同じ[環境設定]→[ガイド・グリッド・スライス]を選択して、[グリッド]項目の単位を[pixel]に設定します。[グリッド線]と[分割数]に数値を入力します。同じ数値を入力すると1ピクセルのグリッド線が入り、グリッド線を10ピクセル・分割数を1にすると、10ピクセルごとにグリッドが表示されます Fig2 。グリッドは⌘〔Ctrl〕+@キーで表示/非表示を切り替えられます。このグリッドを活用すれば、ガイドを多用しなくても正確な数値のWebデザインを実現できます Fig3 。

MEMO
グリッド機能はグリッド線と分割線の2種類のラインを引くことができます。たとえば[グリッド線:10 pixel]、[分割数:10]と設定した場合、グリッドが10ピクセルごとに引かれ、さらにその間隔を10分割した分割線が引かれるため、10ピクセル間隔のグリッドと1ピクセル間隔の分割線が表示されることになります。分割線はグリッド線に比べて色が薄くなり、破線で表示されます。分割線のカラーを変更することもできです。

Fig2 [環境設定]でグリッド線・分割数を設定

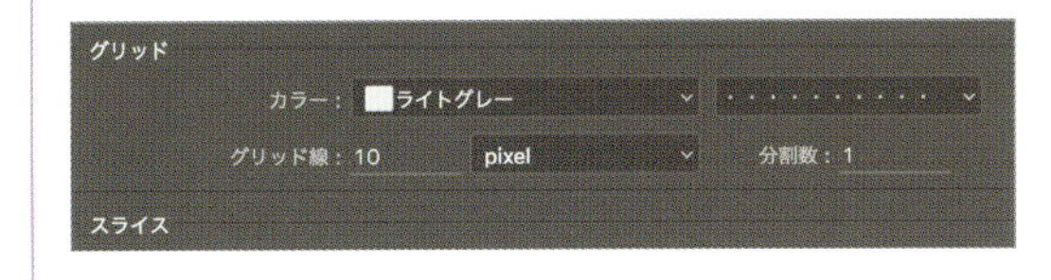

[環境設定]→[ガイド・グリッド・スライス]を選択して、[グリッド数]、[分割数]、単位を設定します。

Fig3 ガイド・グリッドをpixelで統一

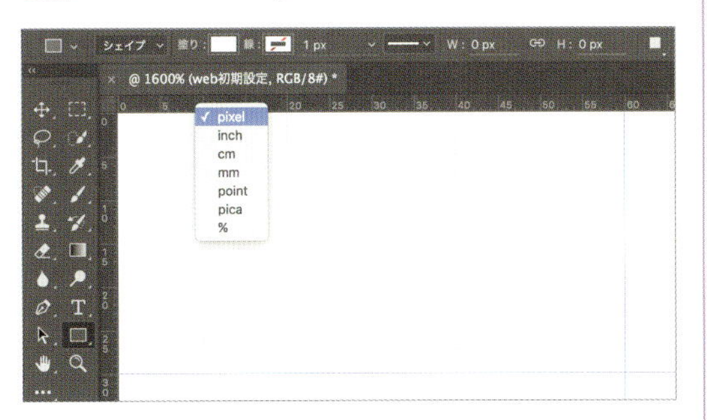

一定の間隔で引かれるライン(グレー)がグリッド
任意の場所に引くライン(ブルー)がガイド

MEMO
ガイドについてはP092で詳しく説明しています。

056 カラーモードとカラープロファイルに注意する

LEVEL

プロ未満

印刷物はCMYKカラーで作成しますが、WebではRGBを使用します。さらにRGBにも2種類の「プロファイル」が存在します。「色がくすんでいる」と感じたら、プロファイルの違いを確認してみましょう。

WebデザインではRGBが基本

印刷ではCMYKが基本ですが、WebデザインではRGBが基本となります。CMYKでデザインデータを作成しても見た目やコーディング上問題ありませんが、RGBと比べるとCMYKは色域が狭いため全体的にくすんだ色になってしまいます。後々になって問題が生じる場合もあるので、CMYKは封印してRGBに設定しましょう。

印刷物からデザイン要素を転載する場合も、色域の違いを意識して元のデータを参照しながらRGBならではの鮮やかな色表現を改めて加えれば、豊かなデザインが実現できます。

sRGBとAdobe RGBには要注意

RGBには、Adobe RGBとsRGBの2種類があります。Adobe RGBは、一般的に利用されるsRGBよりも広い色域を持ち、プロカメラマンが撮影した画像などにプロファイルとして付いてくることが多くあります。Adobe RGBをsRGBに変換すると知らないうちに色が削られたり、プロファイルを破棄して強制的にsRGBにすると別の色に変化してしまったりします Fig1。

注意
古いブラウザを利用しているなど、閲覧環境によってはCMYKの画像が表示されないこともあります。

MEMO
最初から印刷物とWebの双方に展開が決まっているプロモーションの写真素材は、印刷用のCMYKデータではなく元となるRGBデータを手配すれば、CMYKによる色の劣化や再度RGBに変換して色調整する手間を省くことができます。

注意
プロファイルのあつかいに注意し、変換する場合は必ずAdobe RGBの元データを保存しておきましょう。

POINT

- CMYKは表現できる色の幅が狭いのでWebデザインでは封印
- 2種類のRGBには要注意。利用用途を覚えておこう
- [環境設定]でプリセットをWeb向けに

Fig1 これだけ違う「色域」

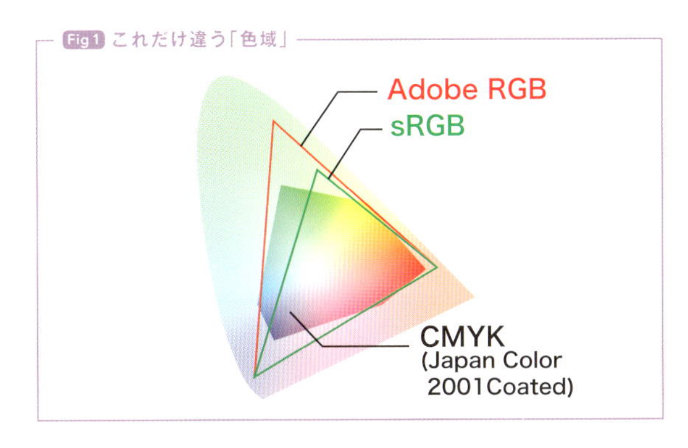

用語

[Adobe RGB]アドビシステムズ社が提唱した規格。再現領域が広く、より豊かな色彩表現が可能。写真などで広く用いられています。なお、sRGBとの整合性は考慮されていません。

用語

[sRGB]マイクロソフト主導のもと策定されたカラープロファイル(色空間)。ディスプレイ、プリンター等広く採用されており、異なる機器間でも色の差異を抑えて色の再現ができる反面、一定の制限もあります。

注意

Adobe RGBはカラー表現に対応モニタが必要なこともあり、一般的にWebでは使用されません。カメラマンから写真の色味の変化などの指摘を受けた場合は、できる限り補正して近づけたうえで、WebではAdobe RGBカラーをそのまま使うことができない旨を伝えるとよいでしょう。

Photoshopでオススメの初期設定

WebデザインでPhotoshopを利用する場合にオススメの初期設定を紹介します。

[編集]→[カラー設定]のプリセットを[Web・インターネット用 - 日本]にして、Photoshopの色の作業環境をWeb向けにしておきましょうFig2。この設定は、開く画像にプロファイルが付いていればWebの標準プロファイルであるsRGBの色域に変換し、プロファイルがない場合はsRGBの色域で作成したものと見なして開きます。

Fig2 カラー設定のプリセット

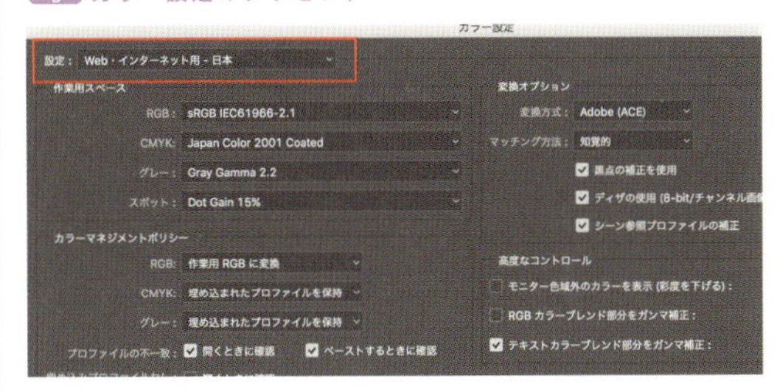

[編集]→[カラー設定]のプリセットを[Web・インターネット用 - 日本]に設定します。

057 色をきちんと管理してシステマティックなコードを実現

LEVEL

プロ未満

ヒトの目には同じ色でも、カラーコードが違う場合には違うコードが必要です。「目で見て同じだから」とスポイトツールで色を増やすのではなく、事前に色を決めておくようにしましょう。

直感的な「色づかい」は汚いコードの元

ここであつかう「色づかい」とはデザインデータを作る上での「色の管理」を指しています。

現在、ボタンやテキストなどの要素はほとんど、理論上はCSSとHTMLだけでも実装が可能です。シンプルでよいコードは表示が早いなどのメリットも多くあります。このような「コードにすることを前提としたデザイン」の場合、特に色についてはデザインをする側も充分に配慮すべきです。

見た目が同じなのに異なるカラーコード

メインビジュアルで使用する写真からページ全体のカラーリングを着想することはよくあります。しかし、見出し要素を作るたびに写真から「スポイトツール」で色を拾っていたら、見た目は同じ色でも異なるカラーコードが量産されてしまいます。

これをCSSで忠実に再現するためには、見た目は同じであっても、見出しごとに異なるclassを当てなければならず、長く不毛なコードが発生してしまいます。色数をシステマティックに絞り、シンプルできれいなコードにするため、早い段階で使用するカラーコードを決めておきましょう。

注意
ほかにも、ドロップシャドウ（影）もスポイトで色を取る位置によってカラーコードが大きく異なるので注意が必要です。

「色をきちんと管理してシステマティックなコードを実現」
を解決してプロのWebデザイナーになるには

POINT

- 「コードになるときに合理的なデザインか？」を考えよう
- 直感的に作業すると見た目が同じでも色がバラバラなこともある
- 最初に色を決めて「スウォッチ」などで厳密に管理しよう

スウォッチやライブラリを活用しよう

色の管理をPhotoshopで行う場合、便利なのは「スウォッチ」機能です。使用する色を「スウォッチ」に一式登録しておき、そのつど「スウォッチ」から色を使用すれば、デザイナー自身が意図せずカラーコードが煩雑になるのを防ぐことができます。これが、このページでお伝えする「色の管理」です。

「スウォッチ」はデータとして引き継ぐことができます。そのため、コーディングの担当者にとってもわかりやすいデータとなります。なお、psdデータ以外でも「プリセットの共有」Fig 1で複数の作業者と共有が可能です。

Illustratorなど、他のアプリケーション間を横断してデザインをおこなう場合は「ライブラリ」機能を使った色管理も便利です。

MEMO
ツールパネルなどの色をダブルクリックしてカラーピッカーを開き、[スウォッチに追加]をクリックするとスウォッチに登録できます。

MEMO
見出しやテキストカラーはもちろん、リンクカラーやロールオーバー(hover)時のカラー、訪問済みリンクのカラーもスウォッチに登録しておきましょう。

MEMO
ライブラリについてはP206を参照してください。

Fig 1 プリセット機能でスウォッチを共有

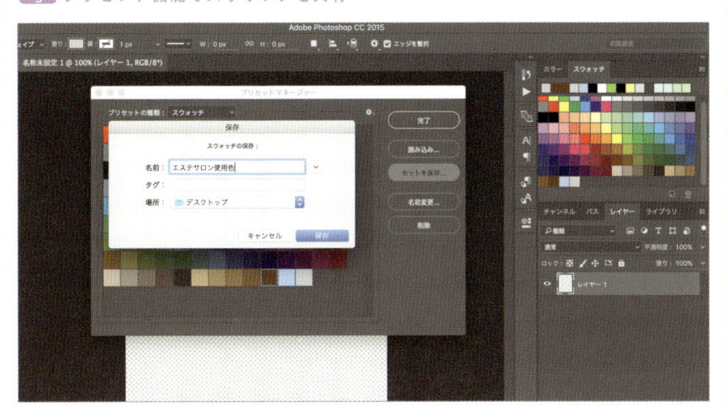

スウォッチに色を登録したら、[編集]→[プリセットマネージャー]を開いて、プルダウンから[スウォッチ]を選択。Shiftキーを押しながら書き出したいスウォッチを選び、[セットを保存]ボタンを選択すると、acoファイルが生成されます。acoファイルはダブルクリックすればスウォッチを読み込めます。

DESIGN RULE

058 レイヤーパネルの“汚い洋服ダンス”化から卒業しよう

LEVEL

ひよっこ

一見きれいなタンスでも、中の洋服が整理できていなければ、どこに何があるかわかりません。日頃の整理整頓が大事なのはレイヤーも同じです。見てすぐにわかるデータ作りを心がけましょう。

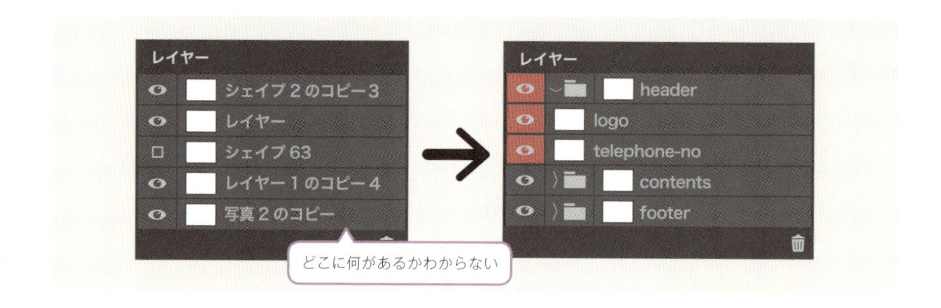

レイヤーパネルは洋服ダンスのようなもの

レイヤーパネルは洋服ダンスに似ています。日頃から、不要な洋服は捨て、どこになにが入っているかを整理しておきましょう。目当ての服を見つけやすければ、自分はもちろん、誰でもスピーディーな着替え（=コーディング）が可能です。

MEMO
「生成（アセット）」による書き出しの際は、レイヤー名が画像ファイル名となります。レイヤー名と画像の書き出しはP164を参照してください。

ダメなレイヤー構造の例

Fig 1は「汚いタンス」の具体例です。レイヤーパネルを見ただけでどのようなパーツを持ったデータか読み解けません。このような作りっぱなしのデータは、画像を書き出す最終工程で、コーディング担当者がデザインデータを目で見ながら1つずつ確認して整理しなければいけません。レイヤー構造がダメなデータは、仮にデザインの見た目がよくても、作業を遅らせる原因になってしまうため、あまりよい仕事とは言えません。

レイヤーを整理しながら制作をすれば、画像書き出しの手間が大幅に減り、後工程でも余裕が生まれます。

Fig 1

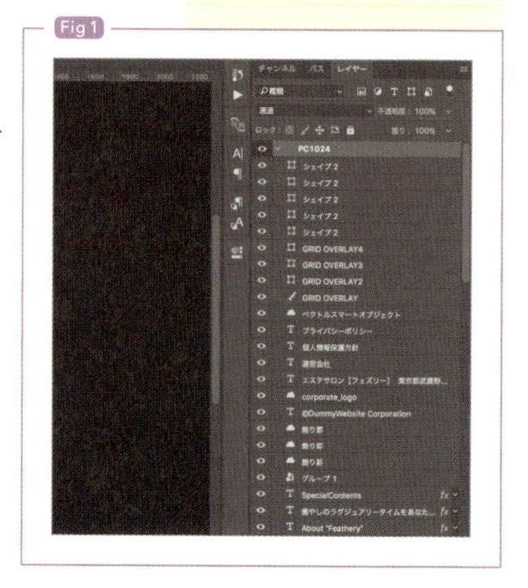

「レイヤーパネルの“汚い洋服ダンス”化から卒業しよう」
を理解してプロのWebデザイナーになるには

POINT

- レイヤーを誰が見てもわかりやすい「きれいな洋服ダンス」にしよう
- レイヤー名は画像のファイル名（アセット生成時）になるので重要
- グループやリンク、カラーは検索時にも便利

まずは名前をきちんとつけよう

まずはレイヤーに名前をつけましょう。

レイヤーパネル右上にあるメニューボタンから［パネルオプション］を選択し、［コピーしたレイヤーとグループに「コピー」を追加］のチェックを外します。これで、“長方形のコピー84”など、いい加減な命名を防ぐことができます Fig2。

次に、レイヤーに名前をつけます。レイヤーの名前は、画像を書き出す「アセット（生成）」の工程を楽にするためにも非常に重要です。コーディングのルールがあればそれに従いますが、基本的には、実際の画像ファイル名に相当する半角英数字や、わかりやすい名前を使いましょう（P128参照）。

Fig2

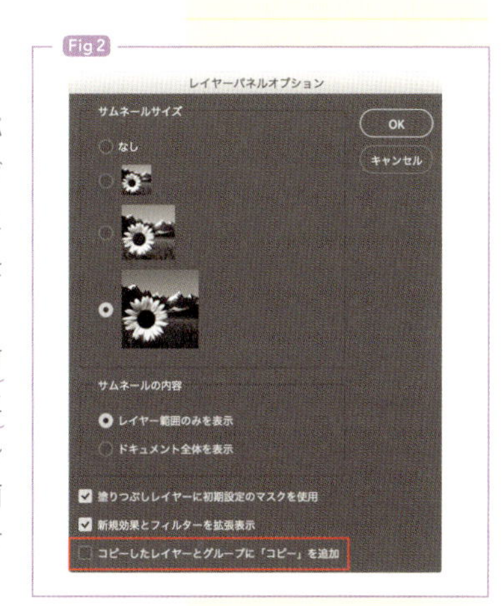

グループとリンク、カラーを使おう

レイヤーを整理するときには、レイヤー同士をまとめておく「グループ」や「リンク」機能を活用しましょう Fig3。

レイヤーパネルでレイヤーを右クリックすると、レイヤーにカラーをつけることができます。単純に見やすくなるだけでなく、たとえばheaderに関する要素を同色にまとめておけば、検索条件にカラーを指定し、header要素のみのレイヤーだけを抽出することができます（P128参照）。

Fig3

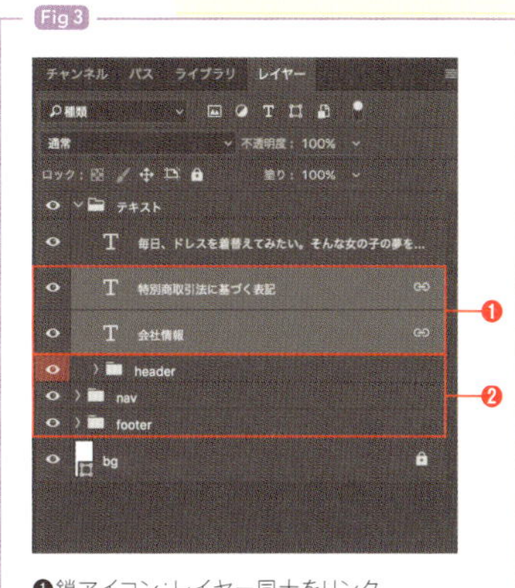

❶鎖アイコン：レイヤー同士をリンク
❷フォルダアイコン：レイヤーグループで要素ごとにレイヤーをまとめる

DESIGN RULE

059 レイヤーの構造は後作業の効率を考えて整理する

LEVEL

ひよっこ

どのようなレイヤー整理がよいかは、作成するデザインやプロジェクトによって正解は異なります。ただ、「伝わるレイヤー構造か？」を常に意識すれば、よいレイヤー構造にできるはずです。

BEFORE

AFTER

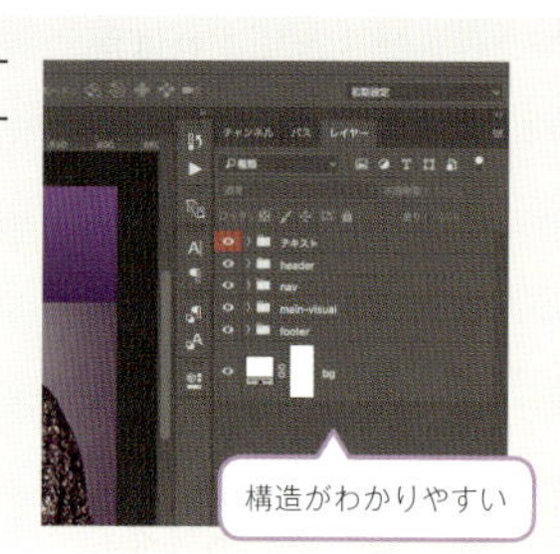

レイヤーグループは「たたんで」保存

レイヤーグループはクリックして、たたんだり開いたりができます。なお、レイヤーパネルはpsdデータを最後に保存したときの状態で開かれます。せっかく綺麗にまとめたレイヤーグループも開きっぱなしで保存すると、再度開いたときに見難くなります。またレイヤーグループをたたむのもささいな手間です。レイヤーグループは閉じて保存する習慣をつけましょう。

MEMO
レイヤーをグループ化して順序立ててレイヤーを並べたり、整頓することができます。
レイヤーパネルメニューをクリックして、[レイヤーからの新規グループ]を選択。[レイヤーからの新規グループ]ダイアログボックスで、名前、カラー、描画モード、不透明度を設定し、[OK]をクリックするとグループが作成され、グループがフォルダアイコンとして表示されます。

デバイステキスト（フォント）は一番上に

デザインとコーディング担当者が別の場合、「どこからが画像として書き出す文字で、どこからがHTMLに直書きするデバイステキスト（フォント）なのかわからない」という問題が発生することがあります。

以前はデバイステキストを、アンチエイリアスの設定をOFFにして区別する方法がありました。ただし、現在はほとんどのブラウザがデフォルトでアンチエイリアスをONにしているため、少し実態にあわないテクニックとなっています。

そこで、デバイステキストをひとつのレイヤーグループにまとめて一番上に配置しましょう。こうすると、一番上のレイヤーグ

MEMO
ボタンのテキストなど、イレギュラーな変化がともなう場合は、別途まとめたほうがよい場合もあります。詳しくはP146を参照してください。

POINT

- レイヤーグループは毎回たたんで保存しよう
- デバイスフォントはわかりやすく。一番上にまとめるのがおすすめ
- アセット（生成）しやすく見てもわかる。伝わるデータを目指そう

ループだけを非表示にすれば画像の書き出しの準備が簡単に整い、何よりわかりやすくなります Fig 1。

アプリとチームに伝わるレイヤー構造を目指す

デザインもレイヤー構造も、基本的な作法はありますが「コレをすれば正解」はありません。悩んだときは、「何のためにレイヤーを整理するのか」を考えるようにしましょう。

「アセット（生成）」による画像の書き出しはレイヤー構造と直結します。また、共同作業者に作業をしやすくする配慮があれば、ミスも起きにくくなります。

案件ごとにルールが決まっている場合はそれに従いながら、Photoshopのアセット機能が判別しやすく、なおかつチームのメンバー（あるいは「明日の自分」）にも伝わるレイヤー構造を目指しましょう。

MEMO
アセット（生成）機能は、ファイル名だけでなく、レイヤー名で画像の拡張子や出力も制御できます詳しくはP166を参照してください。

Fig 1

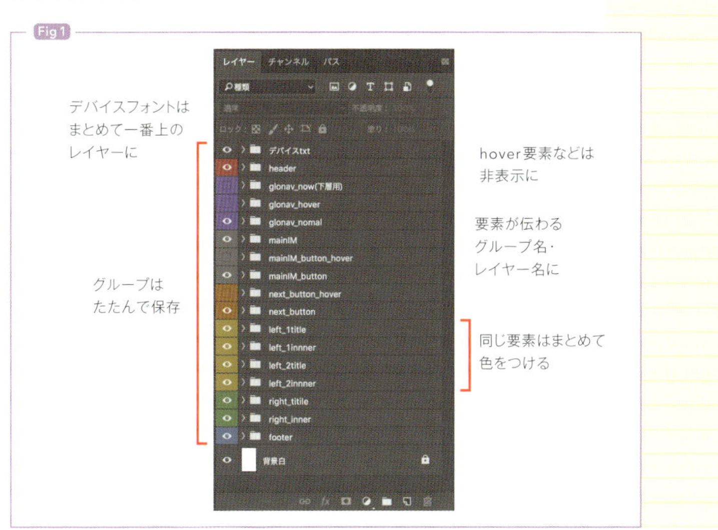

DESIGN RULE

060 特定の状態用のデータは“状態ごと”に非表示でまとめる

LEVEL

レイヤーのまとめ方も工夫をしましょう。ロールオーバーの画像なら、シェイプやアイコンなどの「パーツごと」よりも、onとoffの「状態ごと」でまとめた方が確認や画像の書き出しには便利です。

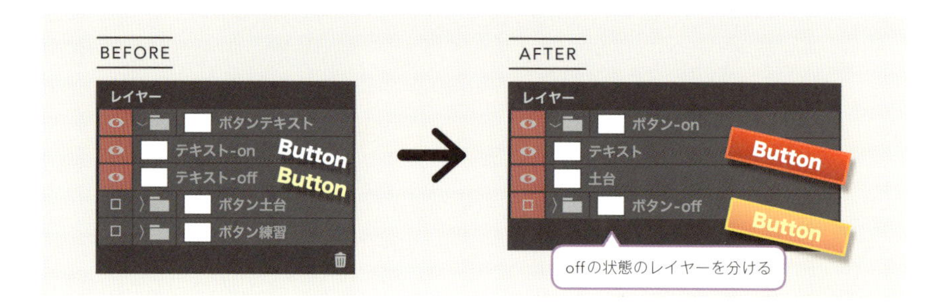

不要なレイヤーは削除する

まず下準備として、データの完成時（コーディング前）に、作業途中の不要なレイヤーは削除するか、「作業中データ」のように不要だとわかる名前のレイヤーグループでまとめておきましょう。

印刷では不要なレイヤーが入っていても表示がきちんとしていれば問題ありません。しかしWebでは「非表示のレイヤー（グループ）」もコーディング要素に含める場合が多くあります。ここではその具体例を紹介します。

MEMO
レイヤーの数や内容に応じてファイル容量も増えるので、用途を問わず、不要なレイヤーには注意しましょう。

特定の状態のデザインを作って非表示にする

たとえば、ロールオーバーにおけるマウスホバー時のボタンやモーダルウィンドウのデザインなどがそれに該当します。

「通常時（off）」を表示しながら、「特定の状態（on）」のデザインを同一の場所に作成して非表示にすると、onとoffの状態の差がわかりやすくなります。また、単純にレイヤー（グループ）を非表示にするだけではなく、指定したレイヤーの表示状態を記録できるPhotoshopの「レイヤーカンプ」機能を使って、onとoffの状態を示してもよいでしょう。小規模なページであれ

用語
[ロールオーバー] ボタンなどの要素へマウスカーソルが触れて（ホバーして）状態が変化すること。

用語
[モーダルウィンドウ] アラートやコンテンツを浮かび上がらせて小窓で表示する表現。ユーザーに注意を促したい場合などで使用されます。

POINT

- Webデザインは「非表示」レイヤーも大事。不要なレイヤーは削除しよう
- ロールオーバーなどのデザインは同じpsdデータにまとめて非表示に
- 「状態ごと」にまとめてonとoffの区別も明快に

ば、page_on.psdとpage_off.psdを別々に用意するのではなく、ひとつのpsdファイルでonとoffのデザインが用意され、いずれかが非表示になっている状態が望ましいです。

注意
やむをえず別々のデータを用意するときは、onとoffでサイズの違いなどが出ないよう注意しましょう。

要素ごとではなく「状態ごと」でまとめよう

　ボタンなど、ある一つのパーツに対してonとoffの2つのデザインが必要な場合は、それぞれ「状態」ごとにレイヤーグループをまとめておくと便利です。文字や背景などの要素単位でまとめた場合は、一見すると整頓されているように見えますが、画像として書き出す際に再度on用 off用のレイヤーグループを作成しなくてはいけないので、手間が掛かることもあります Fig1。レイヤーグループは単なる要素の整理ではなく、画像の書き出しを前提にした構造が望ましいでしょう Fig2。

Fig1 要素ごとにまとめた例

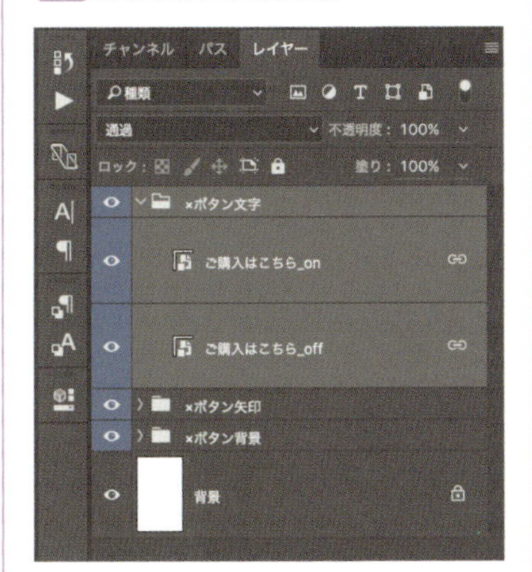

文字、矢印、背景の3要素でグループ分けをすると、書き出しや表示をする際にon要素とoff要素を3回探して表示・非表示する必要があります。

Fig2 状態ごとにまとめた例

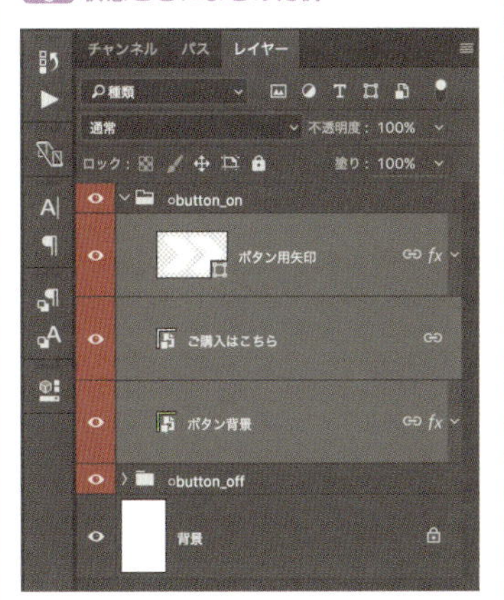

onの状態とoffの状態でグループ分けをすれば、そのまま書き出せます。

DESIGN RULE

061 Webデザインの基本はシェイプ

LEVEL

プロ未満

厳密な数値が求められるWebでは、図形はすべて「シェイプ」を土台に作成します。写真などを意図したサイズに調整するときには、シェイプを基準にした「クリッピングマスク」にしましょう。

シェイプはWebデザインに必須の要素

Webデザインでは、メニューや見出し、ボタンなどの様々な要素を、各種図形ツールやペンツールなどを用いて制作します。Photoshopでは、これらの図形ツールを「シェイプツール」と呼びます。写真などのいわゆる「ビットマップ」とは異なり、「シェイプ」は輪郭のラインを「ベクター」データとして保有するため、色やサイズを調整しやすく数値も正確に取得できます。

現在のWebデザインは、簡単なボタンのデザインなら、形や色の情報をCSSで再現するケースが多くあります。再現性の点でも、色やサイズの数値が容易に取得できるシェイプはWebデザインに必要な機能です。

多彩な塗りや形を調整できるシェイプ

各種シェイプツールを使う手順を説明します。まず、長方形や楕円形などの図形ツール、またはペンツールを選択します。Photoshop CS6以降では、上部のツールオプションバーのメニューから単色のほかにもグラデーションやテクスチャーなどを、シェイプの塗り（中身）と線の両方に設定できます。「色管理」のスウォッチもこのパネルで活用できるので、色（キーカラー）の登録と使い回しは積極的に行いましょうFig1。

Fig1 グラデーションも適用可能なシェイプ

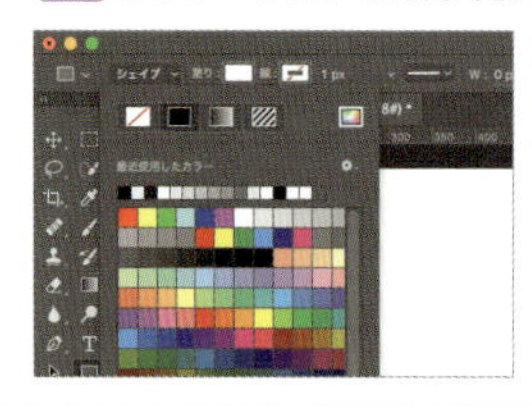

MEMO
シェイプを使わずに図形を描画する例としては、選択範囲を作って範囲内を塗りつぶしたり、塗りつぶしレイヤーをマスクする方法などがありますが、どちらも「数値取得」「調整」「再現性」の点においてシェイプには劣ることに注意しましょう。

MEMO
シェイプツールには[シェイプ]、[パス]、[塗りつぶした領域を作成]の3つのモードがあります。シェイプを描画するときは、ツールオプションバーのプルダウンを[シェイプ]に設定しましょう。

POINT

- シェイプは数値が後から調整できて正確。Webデザインには欠かせない
- 塗りや線もシェイプだけでOK。スウォッチとの併用を
- 写真のマスクもシェイプを使った「クリッピングマスク」で

写真のマスクもシェイプをベースに

写真やイラストを角版や丸版で使用する際、画像の不要な部分を消去してしまうと、サイズやレイアウトなどのデザインの変更に対応できません。角版や丸版は「マスク」による処理で不要な部分を隠しましょう。Photoshopによるマスクは複数の方法がありますが、Webデザインの場合はシェイプによるクリッピングマスクが活躍します Fig2 。

あらかじめシェイプでイメージの土台となる四角形を描画し、写真を配置して「クリッピングマスク」を使用すれば、やり直しが簡単でサイズも正確な画像を手軽に作れます。

MEMO
写真やイラストを四角形で表示することを「角版」、丸で表示することを「丸版」と呼びます。

用語
[(クリッピング)マスク] 写真やイラストの不要な部分を隠したいとき、長方形ツールや選択範囲などで覆う(マスクする)領域を作り、その領域以外を隠すこと。Photoshopでは、直下のレイヤーの描画領域によって切り抜くマスクをクリッピングマスクといいます。

Fig2 シェイプによるクリッピングマスク

1.シェイプと写真のレイヤーをそれぞれ用意し、写真のレイヤーを上に配置します。

2.shiftキーを押しながら両方のレイヤーを選択し、レイヤーパネルメニューをクリックして「クリッピングマスクを作成」を選択します。

3.シェイプの形でマスクが作成されます。

DESIGN RULE

062 シェイプで角丸を使う場合はライブシェイプで

LEVEL

ひよっこ

最新のPhotoshopでは、長方形などのシェイプを描画すると「ライブシェイプ」機能が有効になり、属性パネルでさまざまな調整ができます。意図せずにこれを解除するとコーディングに手間がかかります。

数値管理が便利な「ライブシェイプ」と属性パネル

PhotoshopCCから、長方形ツールなどの「シェイプツール」でオブジェクトを作成すると、「属性パネル」がFig1のような表示に変化します。上部のツールオプションバーだけでなく、この「属性パネル」からも数値や色の変更が可能です。これが「ライブシェイプ」と呼ばれる機能です。

特に注目したいのは、角丸長方形にある「角丸の半径のピクセル」がこのパネルで後から調整できる点です。従来の「角丸長方形ツール」でも、角丸の半径を指定することはできました。ただ、後から角を数値にもとづいて変更したり、ピクセル数を調べてCSSのborder-radiusプロパティに適用するのは面倒な作業でした。この「ライブシェイプ」の登場により、その問題が解消されたのです。

Fig1 ライブシェイプの属性パネル

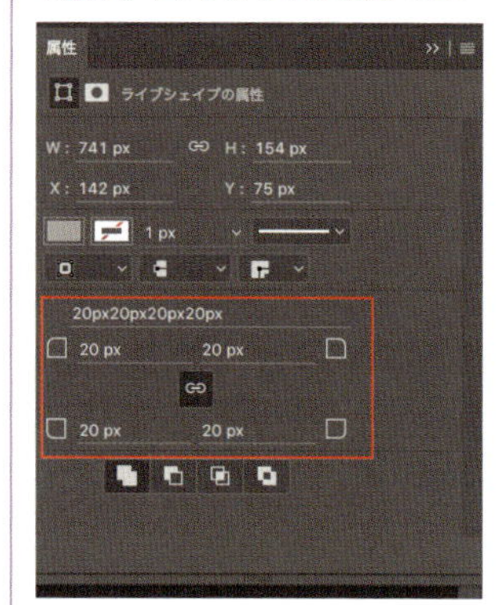

MEMO
属性パネルが表示されていない場合は、[ウィンドウ]→[属性]で表示させます。

「ライブシェイプ」と「標準のパス」

シェイプを手作業で変形すると、ライブシェイプ機能が解除され、「標準のパス」に戻ることもあります。たとえば、角丸長方形を描画し、「パス選択ツール」でアンカーポイントを1つ選択して動かすと、警告ダイアログボックスが出て、属性パネルの表示がマスクのみになりますFig2。

通常の長方形の場合、ツールオプションバーでも数値によるサイズの変更はできるので問題はないように思えます。ただ、「角丸」の場合には2つの注意点があります。

1つ目はライブシェイプでないと角丸の数値が取れない点です。そのためコーディングを行う場合は画像にしてしまうか、も

MEMO
ライブシェイプ機能が有効になるのは、長方形ツール、楕円形ツール、角丸長方形ツールの3種類です。これ以外の図形はライブシェイプにはなりません。

注意
手作業の変形でライブシェイプが解除されるのは、属性パネルでできる変形の範囲を超えた場合です。たとえば長方形のライブシェイプのサイズを手作業で変える程度であれば、属性パネルでできる変形の範囲なのでライブシェイプは解除されません。

POINT

- 「ライブシェイプ」は属性パネルで角丸の数値が管理できる
- シェイプのパスを直接変更すると「ライブシェイプ」が解除される
- 角だけでなく辺も「ライブシェイプ」なら変更が簡単

Fig2 ライブシェイプの解除

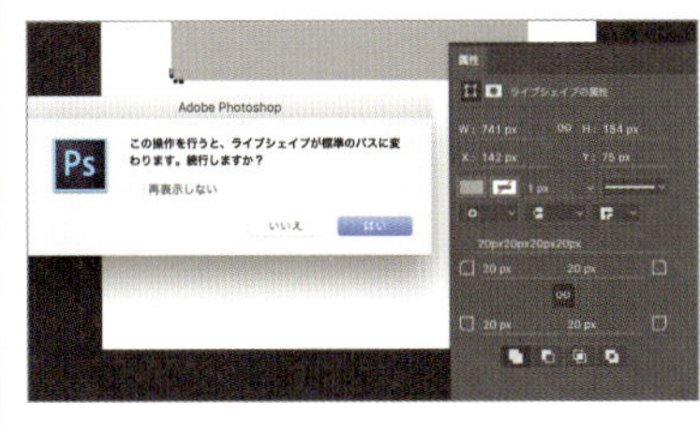

警告ダイアログボックス

属性パネルの変化

う一度シェイプツールを使って角丸長方形を再現して半径の数値を調べなければならず、無駄に手間のかかる作業となってしまいます。

角丸長方形のサイズ変更も簡単

2つ目の問題は、「標準のパス」では角丸長方形における辺の長さを変更する際、手順が多くなってしまうことです。

Fig3は、2つのシェイプを選択して左右の幅を縮めた例です。青のオブジェクトは「標準のパス」なので、角丸も縮小方向に合わせて不自然に潰れています。これを防ぐためにはアンカーポイントをまとめて選択して移動するなどの手間がかかります。

一方で、赤のオブジェクトは「ライブシェイプ」なので、その機能を活かして形が保たれたまま自然な縮小ができます。たとえばグローバルメニューなど、複数の連続したシェイプのあるデザインの場合、「ライブシェイプ」であれば修正スピードも段違いに早くなります。

MEMO
タブ型のオブジェクトは、パスを直接編集して標準のパス化してしまいがちですが、属性パネルの設定を以下のようにすれば、パスを触らずに実現できます。この場合、中央の鎖（リンク）がONになっていたらクリックしてOFFにしましょう。

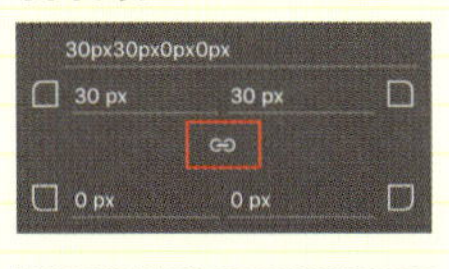

Fig3 変形による角丸の違い

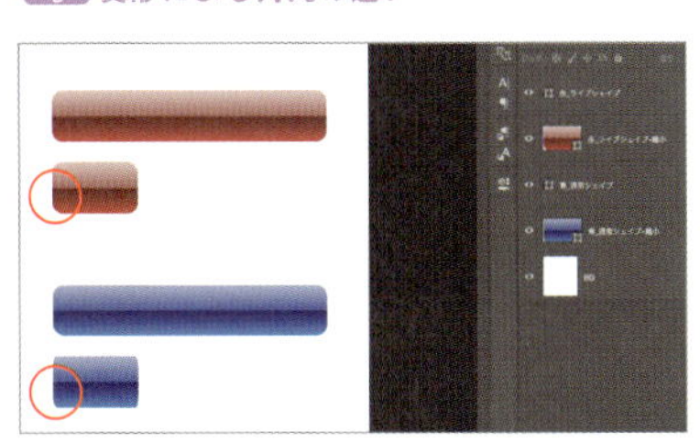

赤がライブシェイプ、
青が標準のパス

DESIGN RULE

063 サイズが微妙にあわない？シェイプの"線"の設定に注意する

LEVEL

必須

プロ未満

同じ数値のシェイプでも線の設定次第でサイズが変わるので、厳密なピクセル数が求められるWebデザインでは要注意です。線の設定を理解して、意図したサイズのシェイプを作成しましょう。

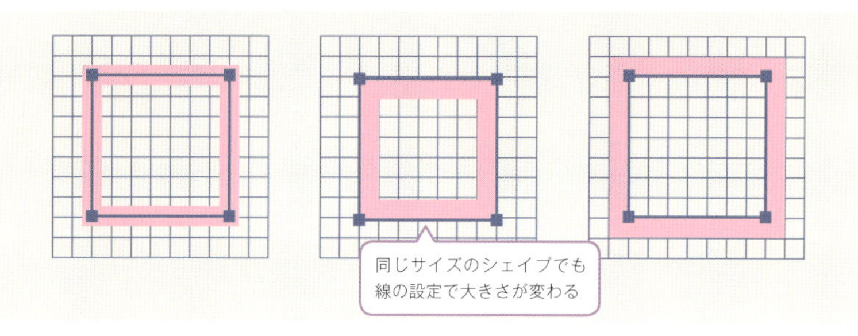
同じサイズのシェイプでも
線の設定で大きさが変わる

シェイプの数値と書き出しサイズが微妙に異なる原因

シェイプを使用するメリットはこれまでに述べましたが、シェイプを使ってデザインをする際の注意点についても押さえておきましょう。

たとえば、1辺が200ピクセルの正方形のシェイプを作成したときは、本来は200ピクセルのpngやjpegで書き出されるべきです。ところが、完成したオブジェクトのサイズを測ると数ピクセルずれてしまっているケースがあります。

MEMO
ピクセル数は「長方形選択ツール」をドラッグすれば簡単に測ることができます。

Fig 1 200ピクセルで描画した3種類のシェイプ

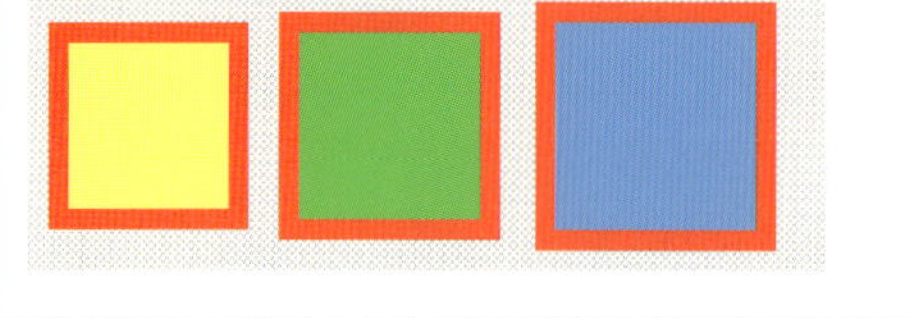

Fig 1の四角形は、3つとも200ピクセル四方のシェイプが元になっているオブジェクトですが、サイズが大きく異なって見えます。着目したい点は赤い線の設定です。

MEMO
Illustratorにおける線の設定はP198を参照してください。

POINT

- シェイプの数値と実際のオブジェクトのサイズが違う場合がある
- 線を設定している場合は「線の整列タイプ」を確認
- 数ピクセルの違いが命取り？ 厳密なサイズのコントロールを目指そう

「線の整列タイプの設定」に注意しよう

大きさの違いが生じる原因は「線の整列タイプ」によるものです。「線の整列タイプ」には、「内側」と「中央」と「外側」の3つがあり、通常は「内側」の設定になっていますが、この設定を知らずに触ってしまうと、シェイプに対しての線の位置が変わってしまい、意図しないサイズのオブジェクトになってしまいます Fig2。このような線の設定は、バナーのデザインなどでよく使用します。厳密なサイズが要求されるバナー制作でこのような設定ミスは避けたいところです。

「中央」や「外側」を使用した際には、意図せずにほかのシェイプでも使用していないかに気を配りましょう。そしてサイズがおかしいと思ったら、安易に「変形」などで修正してしまうのではなく、[線の整列タイプ]の設定を確認してみましょう。

Fig2 設定と線の定義・サイズの違い

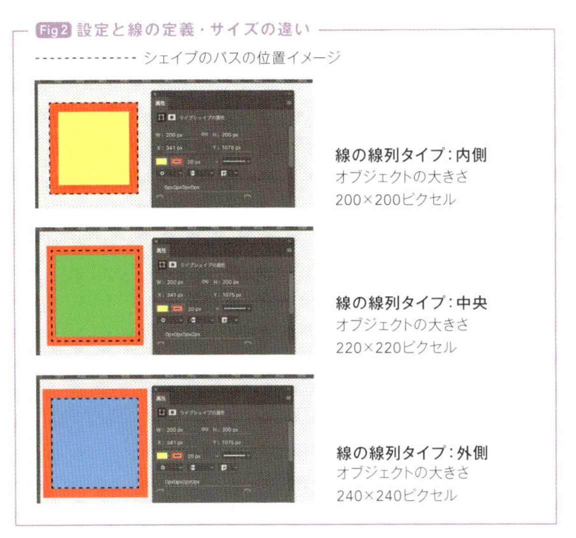

MEMO
「線の整列タイプ」を確認するには、対象のオブジェクトを選択して属性パネルを確認するか、長方形ツールを選択してツールオプションバーの線の詳細設定の項目を確認します。

[属性パネル]

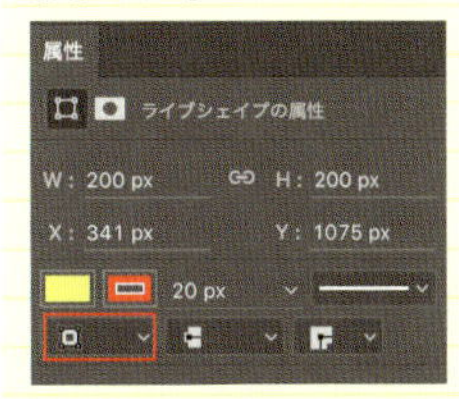

[長方形ツール]→[ツールオプションバー]の[線の設定オプション]

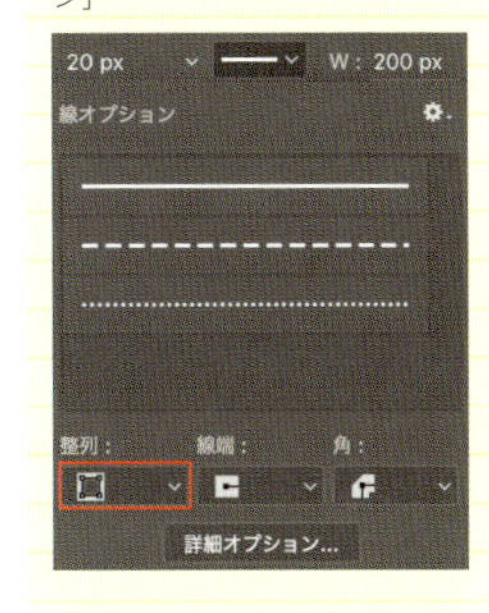

MEMO
「線の整列タイプ」の設定は角丸などの結果にも影響を与えるので、必要があれば角の設定とともに調整を行いましょう。

DESIGN RULE

064 シェイプの“エッジの整列”を忘れるとオブジェクトがボケる

LEVEL

プロ未満

古いバナーで、線の輪郭がボケているファイルはありませんか？ シェイプの数値が小数点になっていると発生するこのボケは、品質低下の原因になります。原因と対策を理解して対処しましょう。

うっかり起こってしまうボケに注意

バナーやボタン、見出しの背景部分のシェイプを作成したときや、写真をシェイプによる「クリッピングマスク」でマスクしたときに、フチの部分がぼんやりしているように感じることがあります。そのようなオブジェクトは、拡大してみるとシェイプのフチがボケている場合があります。デザイン担当者はまず、こういったわずかなボケに対して敏感になりましょう。

ボケる原因はピクセルの小数点

次に、ボケが発生する原因を確認しましょう。Fig1は上記の青いシェイプを選択し、「長方形ツール」のツールオプションバーで数値を確認したものです。H:（高さ）のピクセル数が小数になっていることが確認できます。この小数点がボケの原因となります。

最新のPhotoshopCCでシェイプを描画するときは、このようなピクセルの小数点は通常発生しません。ところが、過去のpsdデータからシェイプを流用したり、シェイプの変形といった

MEMO
特にWeb用途ではないデータ（たとえば、印刷物用のpsdデータ）などを流用すると、流用元のPhotoshopのバージョンが古いために、ピクセルが小数点になっているデータが見受けられます。複数媒体でクリエイティブを制作するときや、チームで分業する場合は特に注意しましょう。

POINT

- シェイプの些細なボケに敏感になろう。過去データからの流用には注意
- ボケの原因は小数点。最新のPhotoshopCCでは起きにくい
- [エッジを整列]のチェックは必須。CS6以前は「スナップ」

Fig1 小数点によってボケが生じる

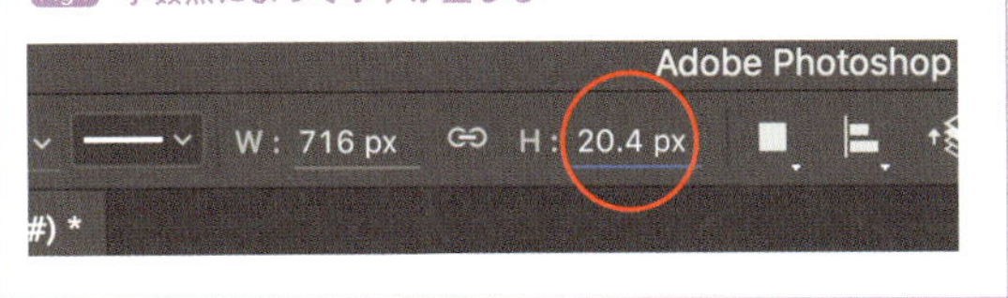

作業を重ねていくうちに、いつの間にかこのような不自然な数値になることがよくあります。

[エッジを整列]のチェックは常に入れておこう

PhotoshopCCには、長方形ツールなどのシェイプ系ツールのツールオプションバーに[エッジを整列]というチェック項目があります。これにチェックを入れておけば、ボケを常に防いでくれます Fig2。なお、最新のCCではこの[エッジを整列]にはデフォルトでチェックが入っています。

CS6では[環境設定]の[ベクトルツールと変形をピクセルグリッドにスナップ]の項目に、CS5以前ではツールオプションバーの[ピクセルにスナップ]チェックが入っていると、ピクセルはデフォルトで整数になるので、ボケにくくなります。

Fig2 シェイプツールの[エッジを整列]にチェック

MEMO

[エッジを整列]のチェックはON、OFFで描画結果が変わります。作成したシェイプがボケている場合は数値を見直してからチェックを入れることで改善する場合もあります。

注意

普段写真などを中心に作業しているユーザーがWebデザインをしたとき、この[エッジを整列]のチェックが入っていないことがあります。最新のPhotoshopCCではピクセルのボケが起きないような配慮がされていますが、過去のpsdデータからパーツを流用する際には注意が必要です。

DESIGN RULE

065 手作業で設定するより“文字／段落スタイル”を活用

LEVEL

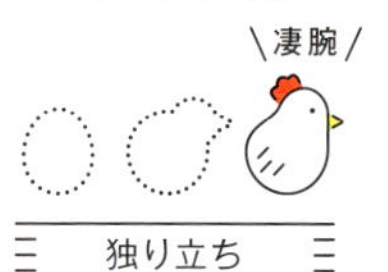

後から変更になった本文の文字サイズや行間を手作業で修正するのは手間な上に、数値もバラバラになりがち。「文字／段落スタイル」を上手に活用して一括管理ができれば、変更も簡単です。

修正が大変な「テキスト要素」のデザイン

Webページをデザインするときには、見出しのテキストや本文を流し込むテキストエリアなど多くの「テキスト要素」を使用します。その際に、レイヤーの複製などでテキスト要素を増やしてしまうと、あとで修正をする場合に、文字のサイズや行間などを手作業で1つずつ変更しなければなりません。

コピーしたテキスト要素が多いほど修正の精度は低下しますし、同一に見えるテキスト要素の数値が微妙に違っているとコーディングの工程にも混乱をきたします。この修正作業をもっと簡単に、かつ正確に行うために、「文字スタイル」と「段落スタイル」を活用しましょう。

「文字／段落スタイル」はCSSと同じ

まず、[ウィンドウ]から[文字スタイル(段落スタイル)](以下、[文字／段落スタイル])パネルを開きます。最初は何も登録されていないので、パネル下部の[新規スタイルを作成]をクリックして設定ダイアログを開きましょう Fig1 。

スタイル名、文字のフォントやサイズ、行間などの各種項目を

Fig1 [段落スタイル]パネル

プロフェッショナルによる
多彩な施術方法

当店独自の厳しい研修をクリアしたプロフェッショナルがお客様のコンディショ
合わせた施術を提案。

段落スタイル　文字スタイル
基本段落

MEMO
複数行のテキストエリアを作成するには、そのつどEnterキーで改行するのではなく、文字ツールを選択し、ドラッグしてエリアを指定します。

MEMO
文字スタイルパネルの場合は[新規文字スタイルを作成]、段落スタイルパネルの場合は[新規段落スタイルを作成]をクリックします。

POINT

- 文字のサイズや行間を後から修正するとミスの元に
- ワンクリックで文字を適用できる「文字／段落スタイル」を使おう
- 「文字／段落スタイル」はCSSと同じ考え方で作成しよう

設定していきます Fig2 。設定が完了したら、適用したい文字レイヤーを選択します。最初は[なし+]　が選択されていますが、先ほど設定したスタイル名をクリックすると、[（スタイル名）+]になり、設定したスタイルが適用されます。

[段落スタイル]ではインデントなどさらに詳細な設定が可能になります。Webデザインの場合は[文字スタイル]だけでも問題ありませんが、複雑な段落設定などが必要な本文には[段落スタイル]を使用しましょう。

MEMO
実際のテキストに書式や行間などの設定を行った後で、そのテキストを選択して[新規スタイルを作成]をクリックすれば、書式や行間が設定された状態でスタイルを作成することもできます。

Fig2 [段落スタイル]ダイアログボックス

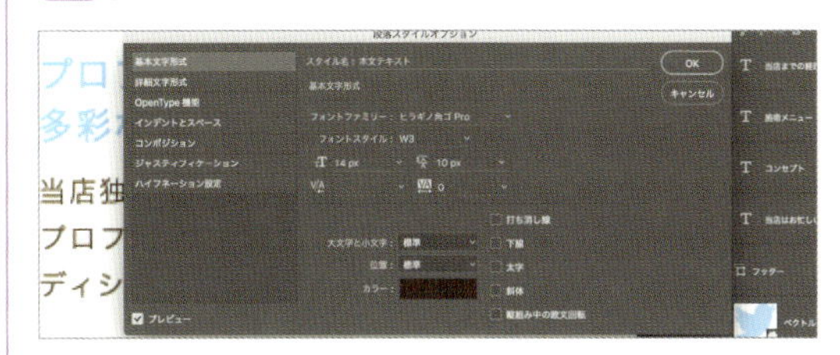

[段落スタイル]メニューを選択して[新規段落スタイル]をクリックします。

このように、特定のスタイルをあらかじめ作っておいて使用するのはCSSと同じです。実際のCSSを意識しながらスタイルを作成して、上手に利用しましょう Fig3 。

Fig3 段落スタイルの適用

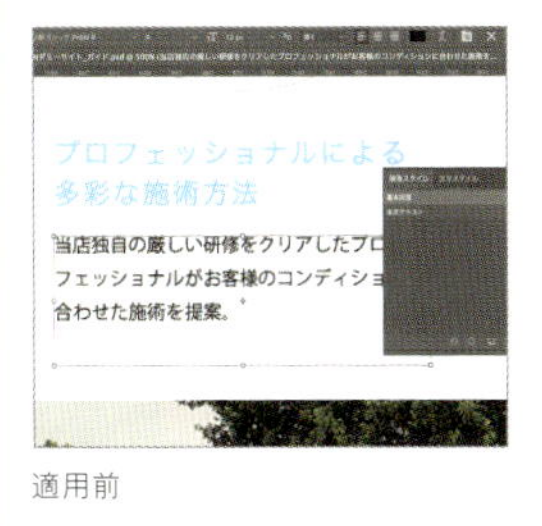

適用前

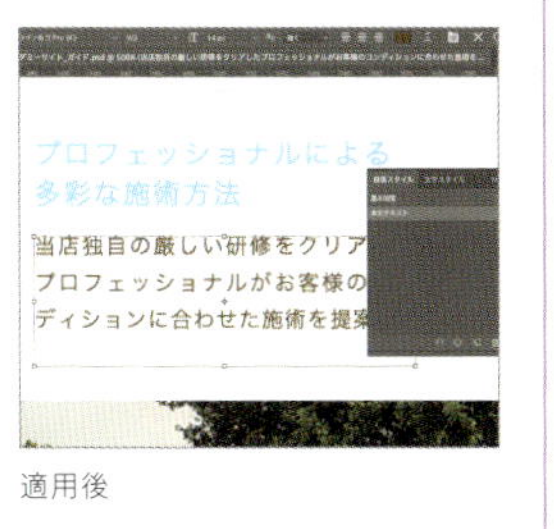

適用後

MEMO
テキストエリアを作成して[書式]の[Lorem ipsumをペースト]を選択すれば、ダミーテキストがPhotoshopで呼び出せます。
参考：Lorem ipsum
https://ja.wikipedia.org/wiki/Lorem_ipsum

DESIGN RULE

066 便利なレイヤースタイルだが色の使い方には要注意

LEVEL

プロ未満

手軽に様々な効果を付加できて、かつ使い回しもできるレイヤースタイル。便利な機能ですが使いすぎには要注意です。数値が取りやすく、コーディングがしやすいデータを意識しましょう。

レイヤースタイルの基礎知識

Photoshopの「レイヤースタイル」は、たとえば文字に影やフチをつけたり、色やテクスチャー、グラデーションで加工できる便利な機能です。項目によっては重ねて効果をかけることも可能です。派手なタイトル文字の演出や、気の利いたアナログ風のテクスチャーなど、デザインには欠かせない機能です。

レイヤーパネルで効果を掛けたいレイヤーをダブルクリックするとダイアログボックスが開くので、各項目をクリックして設定しますFig1。

MEMO
レイヤースタイルは後から変更できるので、修正にも柔軟に対応できます。

Fig1 レイヤースタイルのダイアログボックス

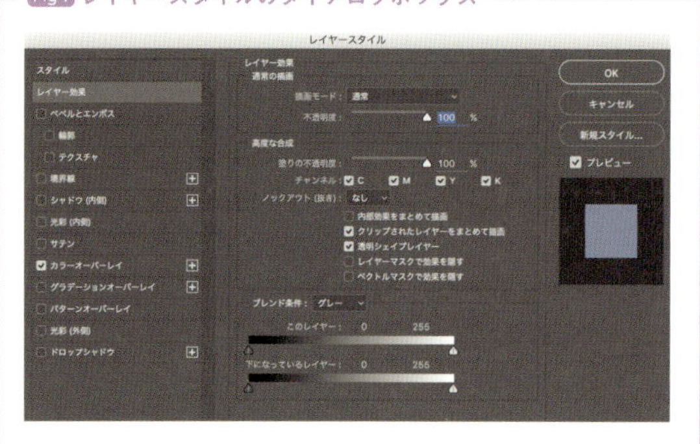

「カラーオーバーレイ」はコピー&ペーストで指定ができて便利

Webデザインでは複数の“アイコンと同色の文字”がある時に、「カラーオーバーレイ」で色を指定してレイヤースタイルを1ヶ所に適用します。そのレイヤーを右クリックしてレイヤースタイルをコピーし、文字とアイコンのレイヤーへ「レイヤースタイ

MEMO
レイヤースタイルでの効果の重ねがけは、PhotoshopCC2015からの機能です。パネル左側にあるメニューの+をクリックすると項目を増やして効果の重ねがけが可能になります。

POINT

- デザインには欠かせない「レイヤースタイル」を活用しよう
- 文字やアイコンにも素早くまとめて数値指定（色指定）が可能
- ただし各種オーバーレイの描画モードには要注意

ルをペースト」すれば、一気に指定した色へ変換できます。

「レイヤースタイル」はレイヤーグループに対しても適用できるので、色を一気に変更したい場合などには有効です。また、ドロップシャドウなども、同じサイト（ページ）内で同一の数値を保つためにレイヤースタイルの設定をペーストして揃えましょう。

MEMO
アイコン（ベクトルスマートオブジェクト）や文字（テキスト）は、それぞれ色を設定できるので、基本はそちらを優先しましょう。また、同一のパーツ内ではどちらを使うのかを統一しておきましょう。

オーバーレイの描画モードには注意

一方で、特にオーバーレイで注意したいのは描画モードです。たとえば、Fig2の上図は、濃い青に対して［描画モード：オーバーレイ］を50%で適用して、薄い青を作り出しています。下図のように、［描画モード：通常］であれば、カラー部分をクリックして色の数値を調べられますが、上図では実際に描画されたオブジェクトからスポイトツールを用いて調べるしかありません。その場合、スポイトで選択する箇所によっては色の数値がバラけてしまうので、特にグラデーションでは正確なカラーコードを調べてコーディングすることが難しくなります。

文字やシェイプなどの「コーディングの対象となる色要素」に対しては描画モードを使用しないようにしましょう。

MEMO
オーバーレイには、カラーオーバーレイとグラデーションオーバーレイ、パターンオーバーレイの3種類があります。

Fig2

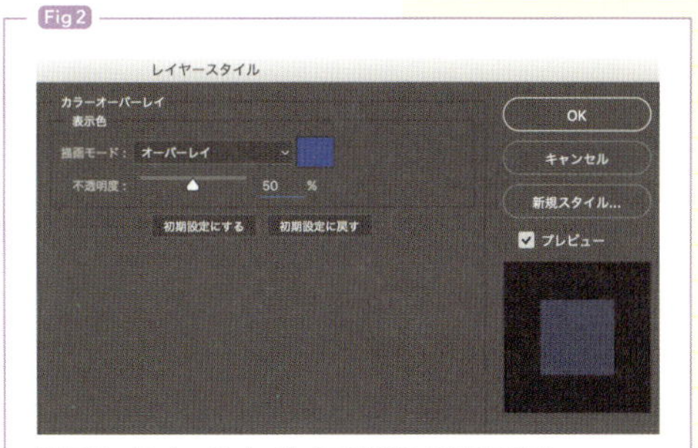

［描画モード：オーバーレイ］、［不透明度：50%］に設定

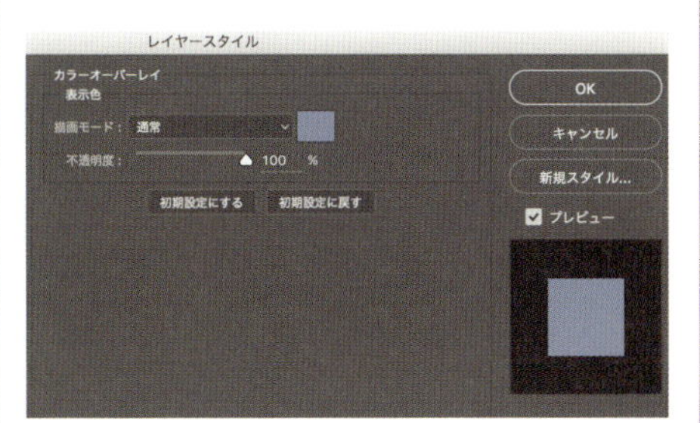

［描画モード：通常］、［不透明度：100%］に設定

DESIGN RULE

067 スマートオブジェクトで手戻りと修正に強くなろう

LEVEL

プロ未満

トライ&エラーを繰り返すWebデザインでは、画像を劣化させないことが大事です。「スマートオブジェクト」の基本と特性を理解して、劣化知らずのきれいなデザインデータを目指しましょう。

「劣化しないやり直し」を可能にするスマートオブジェクト

Webデザインは作成と修正の繰り返しです。その編集作業中に、画像やイラストの拡大・縮小を「ラスターイメージ」で繰り返すと、ピクセルが粗くなったり、色情報が破壊されたりしてしまいます。一方、「スマートオブジェクト」は、ラスターイメージの元データを内包しているオブジェクト形式なので、編集を重ねても画質が低下することはありません。

「スマートオブジェクト」化するには2つの方法があります。

1つ目はPhotoshopで開いているファイル内で[ファイル]→[リンクを配置]／[埋め込みを配置]を選択して画像サイズを調整して配置する方法です。

2つ目はレイヤーパネル上でオプションを選択し、「スマートオブジェクトに変換」を選択する方法です。

たとえば修正が必要な写真を使用する場合は、ある程度までラスターイメージとして編集してからスマートオブジェクトへ変換してもよいでしょう。

一度「スマートオブジェクト」化したレイヤー Fig1 は、レイヤーパネルのレイヤーサムネールをダブルクリックすると、元のイメージを別のデータとして編集できるので、元のデータをそこで細かく補正しながら、Webデザインをしているpsdデータで大胆な拡大・縮小するとよいでしょう。

用語

[ラスターイメージ] JPEGやBMP、PNGなどのピクセルの集合で構成された通常の画像。

MEMO

Photoshop CS6には1種類の[配置]しかありません。これはCC以降の[埋め込みを配置]と同じ機能です。

Fig1 ラスターイメージと様々なスマートオブジェクトアイコン

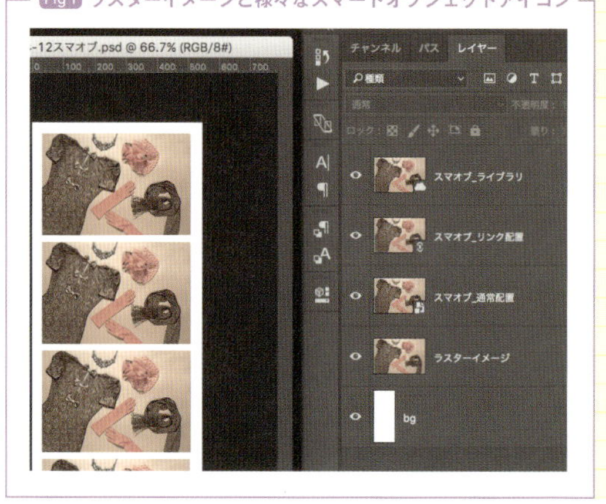

POINT

- 何度もやり直すWebデザインには「スマートオブジェクト」が必須
- 複製したスマートオブジェクトのアイコンなら、差し替えも一発で可能
- スマートフィルターで後からの調整や変更も楽々

アイコンの差し替えも一括で

「スマートオブジェクト」は、複製したオブジェクトのうちの1つを変更すると、複製されたすべてのオブジェクトが変更されます。これを上手に活用すれば、見出しやリンクの頭にあるアイコンの色や形に変更があった場合でも、一つだけを変更すれば、同一のソースを持ったオブジェクトを一瞬で差し替えられます Fig2 。

Fig2 ひとつのarrowを変更するとすべてに反映

フィルターのやり直し&数値管理も楽々

ぼかしやシャープをはじめとしたフィルターをラスターイメージに使用した場合、数値まで正確に再現するのは困難です。Photoshopの各種フィルターの履歴や数値を保持できる「スマートフィルター」も、「スマートオブジェクト」の便利な機能です。「スマートオブジェクト」にフィルターを掛けると、フィルターの履歴がレイヤーパネルに記録されます。これを「スマートフィルター」と呼びます Fig3 。フィルターはレイヤーパネルをダブルクリックすれば再編集が可能です。数値の調整だけでなく、フィルター同士の順序を入れ替えることもできます。フィルターの組み合わせによっては、使用順序を入れ替えることで異なる描画結果が得られます。

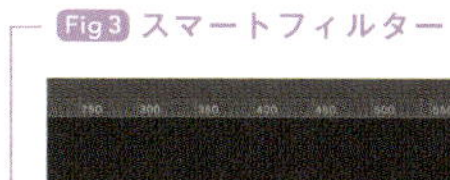

Fig3 スマートフィルター

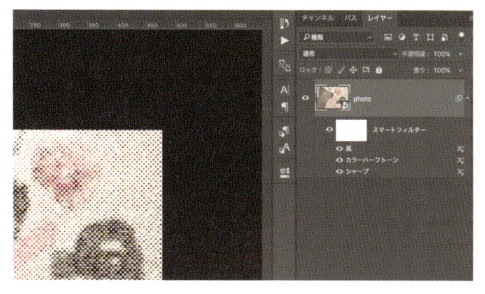

068 色々使えるスマートオブジェクト

LEVEL

プロ未満

PhotoshopCCの最新機能はスマートオブジェクトとの相性が抜群です。この作業が楽になる便利な機能を駆使して、修正に強いデータをスピーディーに作成しましょう。

共通パーツは「ライブラリ」に登録しよう

PhotoshopCCには各アプリケーションやプロジェクトを横断して使用できる「ライブラリ」という機能があります。この「ライブラリ」にはスマートオブジェクトも登録できます。たとえば、Illustratorのオブジェクトを Photoshopにペーストするときに［現在のライブラリに追加］にチェックを入れると Fig1、スマートオブジェクトのアイコンが雲のマークになり、ライブラリにオブジェクトが登録されます。

P161で紹介した同一オブジェクトの一括変換も、「ライブラリ」を経由するとスマートに行えます。たとえば、ロゴデータなどは「ライブラリ」に登録しておくと、複数データにまたがる差し替えも可能になるので、ロゴ自体の修正要望がきたときの対応がより楽になります Fig2。

Fig1

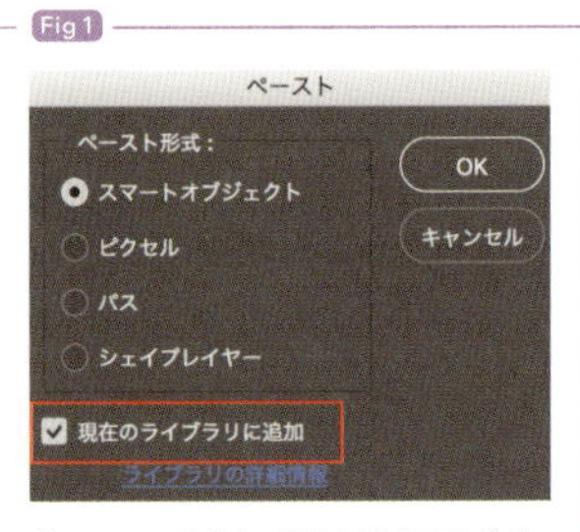

Illustratorの「ペースト」ダイアログボックス

Fig2

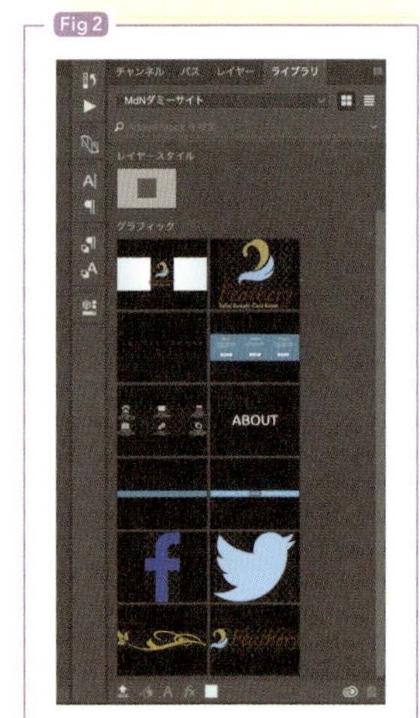

［ライブラリ］パネルの「グラフィック」に登録

Webデザインで使える［リンクを配置］

PhotoshopCCの「配置」には［埋め込みを配置］と［リンクを配置］の2種類があります。

［埋め込みを配置］はPhotoshopCS6以前にある通常の［配置］と同じです。一方、［リンクを配置］は、元ファイルとのリンクが保たれるため、リンク元を修正すると、変更内容が配置されたpsdデータに反映されます。

MEMO

「ライブラリ」パネルをチーム内で共有するには、ライブラリを選択して、ライブラリのパネルオプションから、［共同利用］を選択します。自動的にブラウザが立ち上がるので、そこに相手のメールアドレス（AdobeID）を入力します。詳しくはP211を参照してください。

POINT

- 「ライブラリ」と「スマートオブジェクト」の連携で素早く修正を
- 共通のパーツは別途psdファイルを作って「リンクを配置」
- 「アートボードツール」との組み合わせで量産ページの修正も楽に

この特性とスマートオブジェクトの特性を活かすと、Webデザインが楽になります。たとえば、新規でheader.psdを作り、いったんこのファイルを閉じて別途index.psdを作ります。このときに、先ほど作ったheader.psdを[リンクを配置]すると、index.psdの中にheader.psdが「リンクされたスマートオブジェクト」として配置されます。

この[リンクを配置]でスマートオブジェクトとして各パーツを配置しておくと、元のheader.psdだけを修正すれば、header.psdがリンクされているすべてのファイルのビジュアルが差し替えられるので大変便利です Fig3。

Fig3 ヘッダー部分をリンク配置した例

ヘッダー部分のファイルをリンク配置。元のヘッダー用のファイルを変更すれば、すべてのファイルのヘッダーのデザインを変更できます。

「スマートオブジェクト」と「アートボードツール」

複数にわたるページやバナーの作成には、前述のようなpsdファイルごとの管理のほか、「アートボードツール」を利用すると便利です。この「アートボードツール」と、「スマートオブジェクト」を組み合わせると、あとから急な変更が生じても、ひとつのオブジェクトを変更すればほかのページにも反映されますし、さらに変更をひとつの画面で随時チェックしながら微修正できます。目的にあわせて最新のツールをうまく組み合わせ、手早いデータ作成を目指しましょう。

MEMO
アートボードツールについてはP172を参照してください。

注意
スマートオブジェクトは便利な機能ですが、乱用するとデータの構造が複雑になってしまいます。P098でも解説したように、スマートオブジェクトの階層が深くならないように注意しましょう。

069 様々な"画像書き出し"をケースバイケースで駆使しよう

LEVEL

プロ未満

作ったデザインデータをWebで表示させるには、「画像の書き出し」が不可欠。最新の「画像アセット（生成）」を中心に、用途に沿った方法を駆使しましょう。

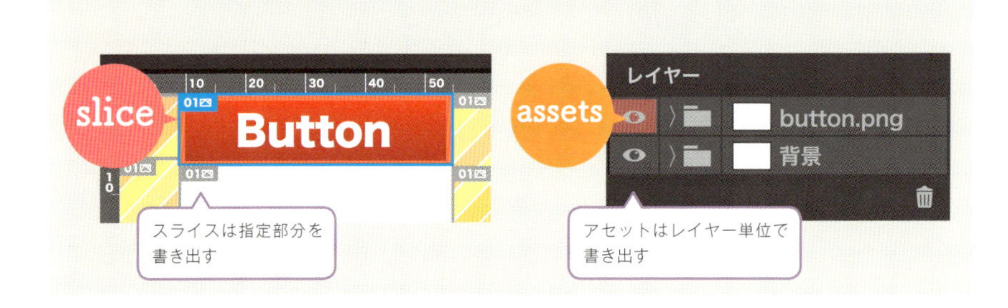

「画像の書き出し」方法はさまざま

Photoshopでのデザインデータは、特有のファイル形式のpsd形式で作成するので、Webサイトとして画像を表示するためには、gifやpng、jpegなどの拡張子に「画像（ファイル）の書き出し」が必要です。たとえばアートボードぴったりに作成されたバナーなどは、[別名で保存]でjpegに保存しても問題ありません。ただし、表示されているpsdファイルがそのままの状態で保存されてしまうため、任意の部分やサイズで書き出したり、特定のオブジェクトのサイズで書き出したい場合には[別名で保存]は不向きです。

画像の書き出しは「状況に応じて使い分ける」のが基本です。ここでは、その「状況」の例と書き出し方法を紹介します。

MEMO
ほかにもPNGファイルとして[クイック書き出し]があります。

▼ファイルをすべて書き出す場合
[ファイル]→[書き出し]→[PNGとしてクイック書き出し]

▼特定のレイヤーだけを書き出したい場合
[レイヤー]→[PNGとしてクイック書き出し]

レイヤー構造とオブジェクトに準拠した「画像アセット」

PhotoshopCS6以降から搭載された「画像アセット（生成）」機能は、2016年現在Webの画像書き出しのスタンダードな手法になりつつあります。

MEMO
「画像アセット（生成）」はP166を参照してください。

POINT

- 画像にはさまざまな書き出し方法がある
- 現在はレイヤーに準拠した「画像アセット」が中心
- 従来の「スライス」も現役。「CSSをコピー」も制作の助けに

この機能では、レイヤー名を含むレイヤー構造と連動して書き出しが自動で行われます。書き出しのピクセル数はオブジェクトサイズに準拠しているので、最初にオブジェクトのサイズを指定しておけば、そのサイズから画像サイズがずれることもありません。また、レイヤー名を特定の名称に変更することで、画像の拡張子を変更したり、Retina対応やレスポンシブWebデザインに使用するためのサイズが異なる画像も簡単に書き出せます。

MEMO
筆者の周囲では、一つの案件に対して8:2程度の割合で「アセット」と「スライス」とを使い分ける人が多く、現在では「アセット」がメインになりつつあります。

任意の場所なら「スライス」&「Web用に保存」

「アセットを抽出」が登場する以前は、「スライス」と「Web用に保存」の組み合わせが定番でした。現在では、背景パターンの画像書き出しや、任意の余白を取りたい場合、特定の画像サイズで複数の領域を書き出したい場合など、「アセットを抽出」でまかないきれない書き出しに利用します。

MEMO
「スライス」はP168を参照してください。

手軽にCSSを書き出したいなら「CSSをコピー」

画像としての書き出しではなく、CSSとして描画したい場合は、シェイプなどであれば「CSSをコピー」で直接CSSを書き出すこともできます。単純なシェイプや、任意の絶対位置にボタンを表示させたいときなどにも参考になります。ただ、実際にコードとして採用できるかについては検証が必要です。

MEMO
「CSSをコピー」はP170を参照してください。

DESIGN RULE

070 “画像アセット（生成）”による書き出し

LEVEL

プロ未満

「画像アセット（生成）」は、正確な書き出しを自動で行ってくれるので、使いこなしたい機能です。ただし整頓されたレイヤー管理と正確なオブジェクト描画は必須です。

「画像アセット（生成）」とは

「画像アセット（生成）」とは、PhotoshopCS6から導入されたレイヤー構造に準拠した画像の書き出し方法です。まず、デザインしたpsdファイルを開いた状態で、Photoshopの［ファイル］メニューから［生成］→［画像アセット］にチェックが入っているかを確認します Fig1。

チェックを入れると自動で「ファイル名 -assets」というフォルダがpsdファイルと同じ階層に作られます。レイヤー名（あるいはレイヤーグループ）を書き出し画像に適した「英数字 +.（ピリオド）+ 拡張子」の組み合わせにすると画像の書き出しが行われ Fig2、「ファイル名 -assets」フォルダに格納されます。元のpsdを修正・保存すると、ほぼリアルタイムで修正後の画像に差し替わっていきます。

P168で紹介する「スライス」と違い、書き出し用に領域を定義する必要がないので、正確なレイヤーとレイヤー名さえあれば、スライスに要していた作業時間が大幅に短縮できます。

Fig1 ［画像アセット］にチェック

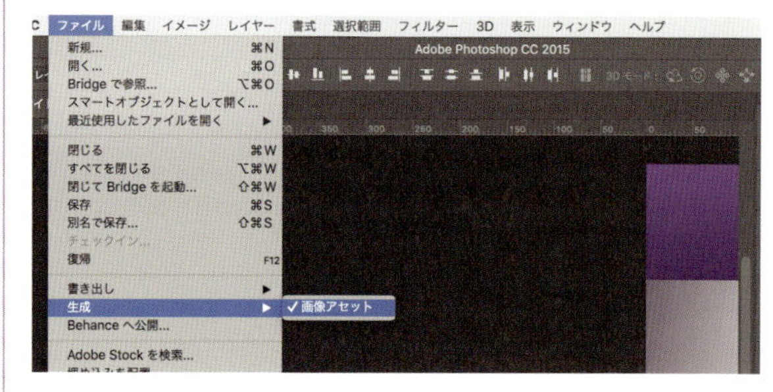

Fig2 レイヤー名に拡張子をつける

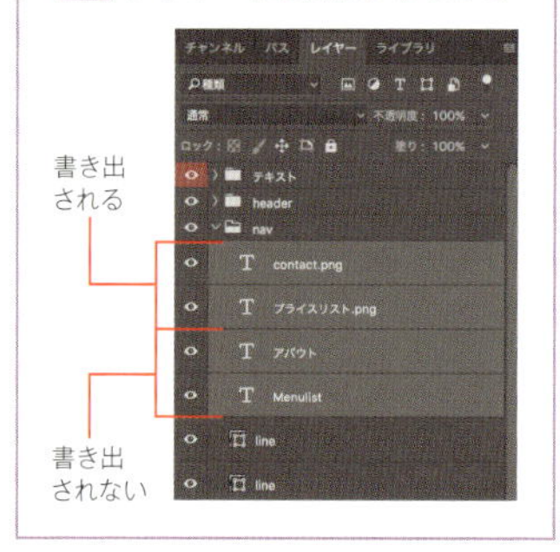

MEMO
デフォルトでは［画像アセット］にチェックは入っていません。

MEMO
途中でレイヤー名を変更すると、書き出した画像ファイルの名前も更新され、旧名の画像ファイルは残りません。

MEMO
PhotoshopCC 2014の場合のみ、メニュー名が「アセットを抽出」となっています。

POINT

- ファイル名、ピリオド、拡張子のレイヤー名で自動書き出し可能
- 2種類同時書き出しを含めた多彩なパラメーターが設定可能
- レイヤー整理は必須。キレイなレイヤー構造なら書き出しも早い

書き出せるファイル形式とバリエーション

拡張子はpng、gif、jpegの3種類です。ほかにも画像の書き出し品質(画質パラメーター)や書き出しサイズ(サイズパラメーター)を設定できます。同一レイヤーでも名前をカンマで区切れば、解像度の違う画像を同時に生成することができます。

レスポンシブを含むマルチデバイス対応やRetina対応が求められる中、複数の画像形式をすぐに書き出せる「画像アセット」のメリットは大きく、現在の制作ワークフローにおけるスタンダードな書き出し手法になりつつあります。

なお、Adobeの「Photoshop ヘルプ｜レイヤーからの画像アセットの生成」Fig3には、パラメーター一覧が掲載されています。また、巻末の付録に主なパラメーターと書き出し結果をまとめたので参考にしてください(P218)。

Fig3 Photoshop ヘルプ｜レイヤーからの画像アセットの生成

https://helpx.adobe.com/jp/photoshop/using/generate-assets-layers.html

日頃からレイヤーを整頓しよう

「アセット」がうまく機能するかはレイヤー次第です。レイヤーを整理・命名するには手間がかかります。ですが、整頓されたレイヤー構造はアセットのみならず、共同で作業するためには必須の「マナー」ですので、ぜひ心掛けましょう。

MEMO

レイヤー構造やまとめ方についてはP142、144、146も参照してください。

DESIGN RULE

071 “スライス”&“Web用に保存”による書き出し

LEVEL

ひよっこ

「スライス」はオーソドックスな書き出し方法。この「かゆい所に手が届く」方法は、今でもここぞというときに使えます。ただし、手動設定が裏目に出ないように要注意。

知らない人は覚えておきたい「スライス」

PhotoshopCS5以前の画像書き出しは、「スライス」によって領域を指定してから「Web用に保存」で保存する組み合わせがスタンダードでした。「アセット(生成)」が搭載されて以降は古い書き出し方法となりましたが、「スライス」を使った方が早かったり、便利なケースがあるのも事実です。

CS6以降にPhotoshopデビューをしたため「アセット(生成)」しか知らない方は、ぜひ「スライス」の使い方や利点も覚えておきましょう。

MEMO
スライスを作成すると、スライスのサイズに応じて灰色の表示の「自動スライス」が自動的に生成されます。

「スライス」&「Web用に保存」の基本操作

[ツール]パネルで[スライスツール]を選択Fig1し、ドラッグしてスライスしたい範囲を選ぶと「スライス」が作成されます。[スライス選択ツール]に持ち替えて、作成した「スライス」をダブルクリックすると、[スライスオプション]ダイアログボックスが開くので、書き出したいファイル名や、「スライス」のサイズを設定できますFig2。

スライス作業が完了したら、[ファイル]メニュー→[Web用に保存]を選択すると、スライスとデザインデータが少し薄い色で表示されるので、書き出したいスライスをクリックして選択しますFig3。

選択したら[保存]をクリックします。ここでオプションとして[スライス]項目の[選択したスライス]を選ぶと、先ほど選択したスライスだけがimagesフォルダ(初期設定時)に画像として書き出されます。

Fig1 スライスツール

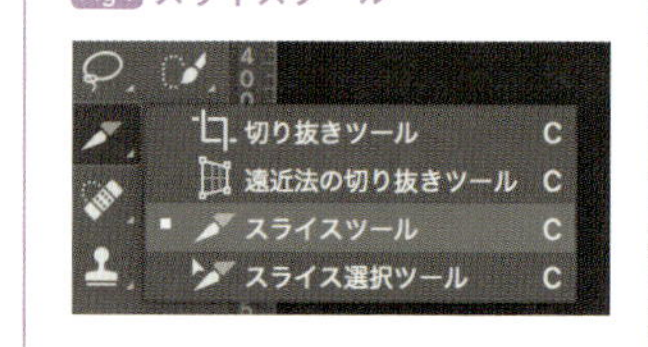

Fig2 [スライスオプション]ダイアログボックス

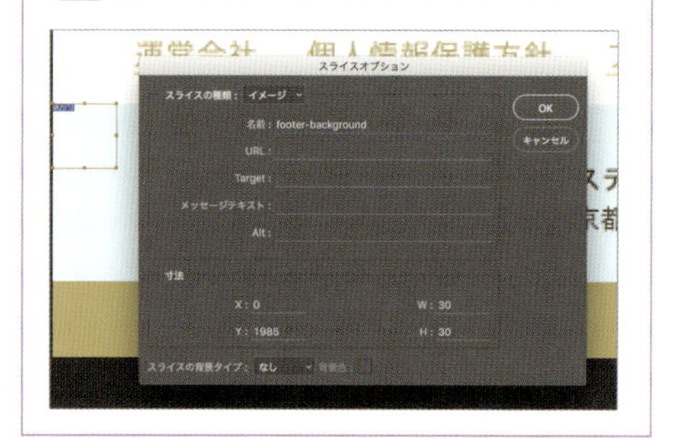

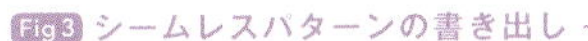

POINT

- 自由に画像を切り出せる「スライス」ツール
- 連続する背景の書き出しに最適
- 手作業での設定によるズレには要注意

Fig3 シームレスパターンの書き出し

使いどころの例と注意点

Fig3のような連続する背景（シームレスパターン）などには、「スライス」の切り抜きが最適です。移動や複製も容易になり、また余白の設定も自由にできるので、レスポンシブWebデザイン対応で複数の画像サイズを手早く揃えたい場合などには便利です。また、元データのレイヤーが統合されているなど、レイヤーを「アセット」向けに整理できない場合にも「スライス」の出番となります。

一方で、自由に切り分けられる特性が裏目に出ることもあります。スライス位置・サイズのズレによって生じる本意ではない書き出しには修正に時間を要します。また、現在では要望も多い倍サイズの画像として書き出すことができない点にも注意しましょう。

MEMO
スライス範囲をコピーする場合は［スライス選択ツール］でスライスを選択し、その状態でoption〔alt〕キーを押しながらスライスをドラッグします。

MEMO
［Web用に保存］の［保存］オプションとして、［スライス］項目で［すべてのスライス］を選択すると、灰色の「自動スライス」も画像として書き出されます。自動スライスを書き出したくないときは［すべてのユーザー定義スライス］を選択しましょう。なお、複数のスライスを選択したいときはShiftキーを押しながら連続して選択します。

MEMO
「アセット」で同様の処理をしたい場合は切り出したいベクトルマスクを追加して土台にしておきます。

DESIGN RULE

072 コーディングの助けになるPhotoshopの“CSSのコピー”

LEVEL

プロ未満

Photoshopの「CSSのコピー」は、自動生成に注意すればコードを書くヒントとして活躍するだけでなく、簡単に絶対位置を取得できます。中級者以上にも嬉しい機能です。

コーディングが苦手なら使ってみたい機能

Photoshopをはじめとした Adobe社各製品には、コーディングのサポート機能を備えたアプリケーションが豊富です。ここでは自動でCSSを書き出してくれる機能を紹介します。コードの自動生成は大きな魅力であり、コーディングに苦手意識がある方はヒントとして活用してもよいでしょう。

Photoshopのレイヤーパネル「CSSのコピー」

ボタンなどを画像ではなくCSSで表現する場合は、「シェイプ」の幅・高さや角丸の各種サイズを確認しながらコードを書きます。「シェイプ」のレイヤーを選択してオプションから[CSSのコピー]を選択 Fig1 すれば、「シェイプ」の色や、各種サイズなどをCSSとして取得できるので、あらかじめHTMLを書いておきエディタにCSSとして貼り付けてみましょう Fig2。

オブジェクトの要素はレイヤー名に準拠したclassとしてまとめられます。特にコピーしたCSSを実際に使用したい場合はclass名を意識した名前をつけておきましょう。

Fig1 レイヤーパネルから「CSSをコピー」を選択

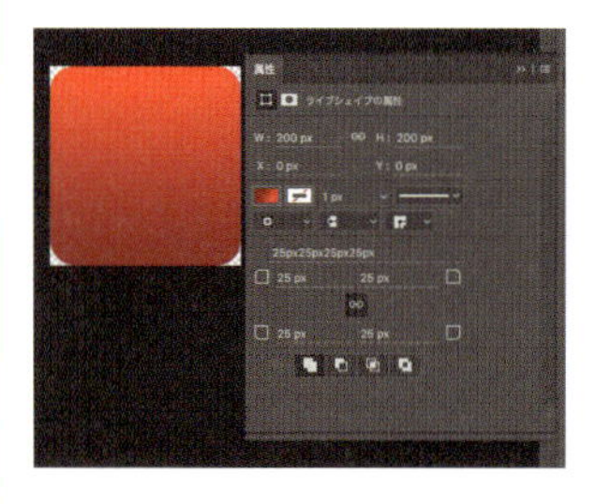

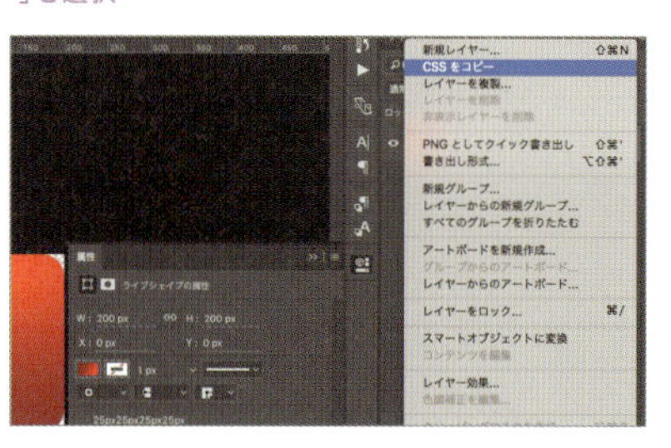

CHAPTER 4 Photoshopの上手な使い方

POINT

- オブジェクトをCSSで描画する場合のヒントに
- シェイプの各情報のほか、絶対位置を簡単に取得
- そのままコピー＆ペーストすると他のコードとの整合性に問題も

Fig2 Dreamweaverへ CSSをペーストして確認

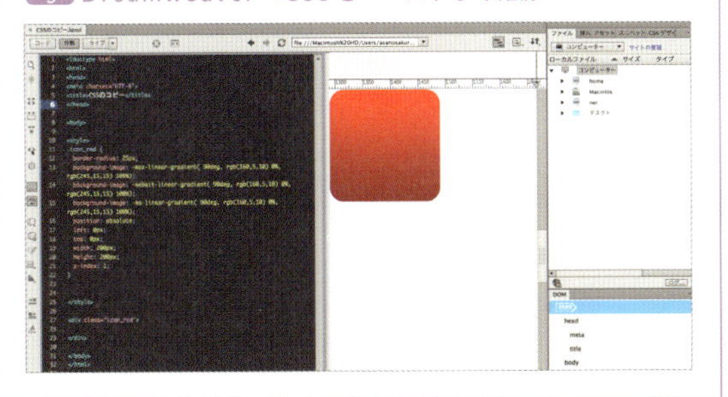

絶対位置を簡単に確認

シェイプのオブジェクトだけではなく、レイヤーグループを整理した上で、複数の要素（たとえば背景想定とボタン想定のオブジェクトなど）を選択すると、絶対位置の情報も取得できます。Fig3のような場合の座標の取得にも役立ちます。ただ、Fig2やFig3を見てもわかるように、そのままでは冗長コードになってしまうので、ほかのコードとの整合性を意識して使用しましょう。

Fig3 絶対位置を測るヒントに

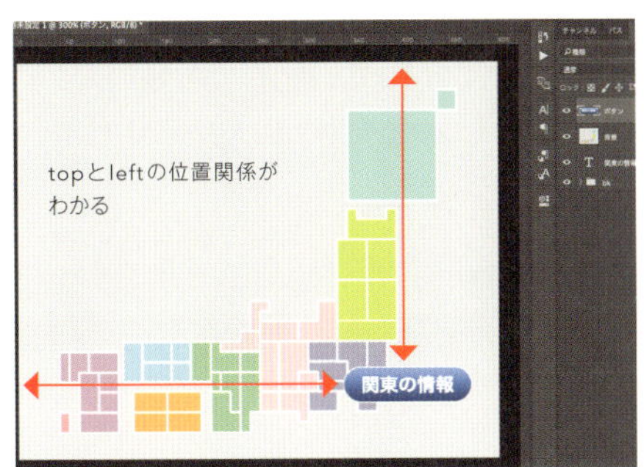

「ボタン」だけを選択してCSSをコピーする

```
.ボタン {
  background-image: url("ボタン.png");
  position: absolute;
  left: 339px;
  top: 307px;
  width: 135px;
  height: 40px;
  z-index: 8;
}
```

DESIGN RULE

073 PhotoshopCCの新機能“アートボード”を知ろう

LEVEL

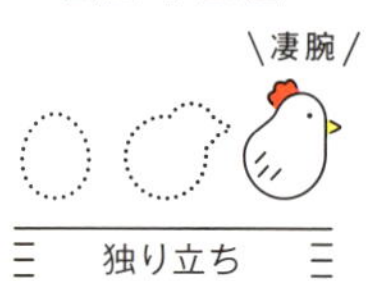

近年のPhotoshopは、Web制作に注力した機能のアップデートが数多く行われています。その代表的な機能が「アートボード」です。これは複数ページの制作に便利です。

アートボードでスマートフォン用とPC用を同時に制作

ページ量産に特化した新機能「アートボード」

Webサイトのデザインでは、トップページ、会社概要ページ、商品紹介ページなど、共通のヘッダーやフッターを持ったフォーマットをベースにして、複数のページを量産するケースが多くあります。これらのページをPhotoshopでデザインする場合、従来はindex.psd、corporate.psdのようにページごとにファイルを分けるか、同じカンバスの中でレイヤーグループの表示・非表示で区別する方法が一般的でした。

MEMO
アートボードツールは最新バージョンであるPhotoshopCC2015から搭載されています。

POINT

- 同じファイルの中でいくつものページを作れるアートボードツール
- 複数ページでパワーを発揮。レスポンシブWebデザインに必須
- ページの追加やサイズの調整も簡単

しかし、ファイルを分ける方法では共通部分に変更が生じた際に、すべてのファイルを開いて修正する必要があります。一方、下層ページごとにレイヤーグループを用意する方法では、コンテンツの量が膨大になるとオブジェクトを管理するのが大変になり、ガイドも煩雑になりがちです。また、この方法では、レスポンシブWebデザインなどの“パーツが共通でサイズが異なる”ページ作成には使えません。

そこで、PhotoshopCC2015からの新機能「アートボード」を使用してみましょう。このアードボードは、レイヤーグループのような感覚で複数のアートボード（カンバス）を管理できる機能です。同一のpsdデータで複数のページをあつかえるので、パーツの流用が簡単にできます。とくに共通のデザインパーツが多くサイズの異なるレスポンシブWebデザイン作成には力を発揮します。

アートボードを触ってみよう

まず、[ファイル]メニューから[新規作成]を選択します。ドキュメントの種類を[アートボード]にしたら、制作したいサイズを入力して[OK]をクリックすると Fig1、左上に「アートボード1」と書かれたカンバスが作成されます。

Fig1 新規ファイル作成で[アートボード]を選択

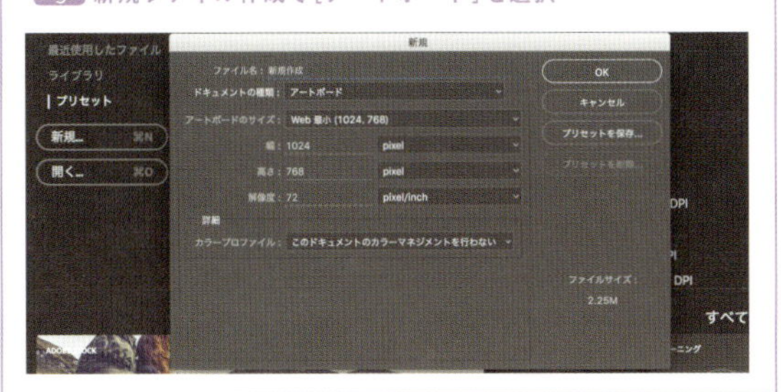

MEMO
新規アートボードは[レイヤー]→[新規]→[アートボード]でも作成可能です。

DESIGN RULE
073 PhotoshopCCの新機能 “アートボード”を知ろう

次に、[アートボードツール]を選択すると、上下左右に+マークが出現します Fig2。この+マークをクリックすれば、上下左右に同じサイズのアートボードを配置できます Fig3。

[アートボードツール]の上部ツールオプションバーにはサイズの表記があるので、レスポンシブWebデザインやバナーなど異なるサイズを作成したいときは、アートボードを作成後に調整します。

MEMO
+マークが出ない場合は「アートボードツール」を選択した状態でカンバスを1回クリックします。

Fig2 [アートボード]でドキュメント作成

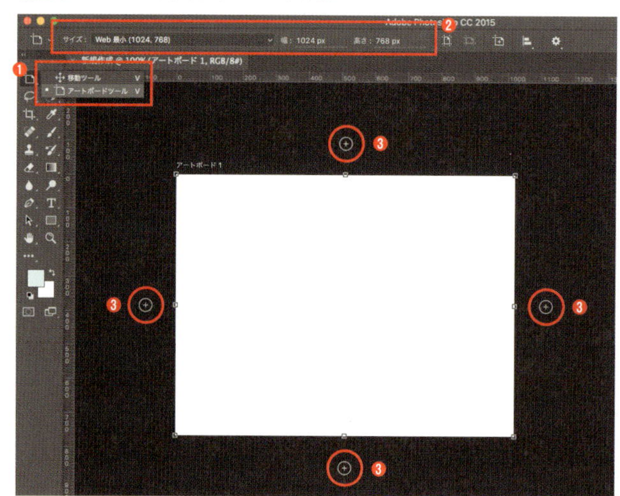

❶[アートボードツール]
❷ツールオプションバーでサイズの変更も容易
❸最新CC2015ではアイコンクリックで縦横にアートボードを増やすことができます

Fig3 複数のアートボードを配置

アートボードを追加して複数のパーツなどを同時に作業できます。

CHAPTER 4 Photoshopの上手な使い方

アートボードを解除したいときは？

アートボードを解除したい場合は、解除したいアートボードをレイヤーパネル上で選択してから、[レイヤー]→[アートボードをグループ解除]を選択します Fig4。

複数のアートボードのうち一つを解除すると、解除したアートボード上に描画されているオブジェクトは、残ったアートボードのカンバス上に自動的に配置されるので注意が必要です。

MEMO
アートボードを解除してもレイヤーは保持されているので、改めてレイヤーグループとして整理できます。

Fig4 アートボードの解除

アートボードで右クリックして開いたメニューからでも、アートボードの解除が可能です。

それぞれのアートボードはレイヤーグループと同じようにレイヤーでまとめられているので、レイヤーを移動すればアートボード間の移動が可能ですが、このグループを統合・結合してしまうと、1枚の画像ファイルになってしまうので注意が必要です Fig5。

Fig5 統合してしまった状態

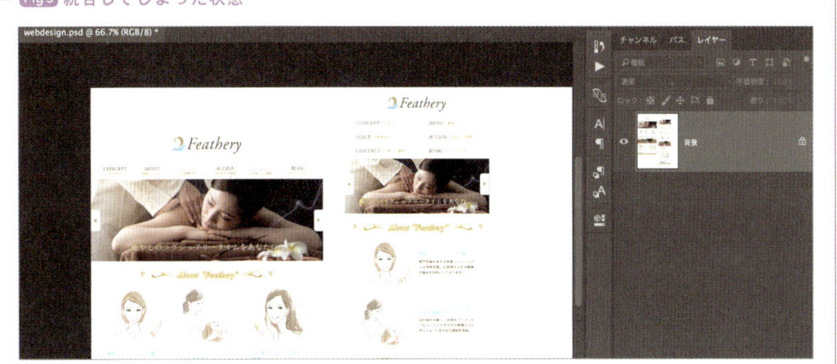

レイヤーを結合・統合してしまうと、作成したアートボードは破棄されてしまいます。

DESIGN RULE

074 "スマートオブジェクト"と"アートボード"で手早くバナー作成

LEVEL

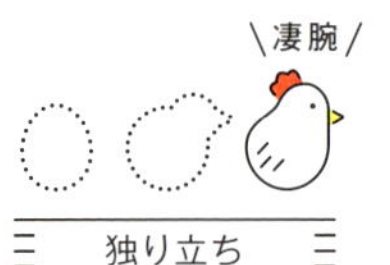

バナー広告用の画像として、同一クリエイティブで複数サイズのバナーを作成しなくてはいけない場合にもPhotoshopの「アートボード」が便利です。

複数サイズのバナー作成に便利

数が増えればミスも増えるバナー広告作成

Google ディスプレイ ネットワーク(GDN) Fig 1 やYahoo!ディスプレイアドネットワーク(YDN) Fig 2 などへの出稿のために、同一のクリエイティブに対して複数の画像サイズが必要なケースがあります。従来はそれぞれのサイズ分のpsdファイルを作成して制作→画像書き出しを行っていましたが、数が多くなるとファイルを作成するだけでもひと苦労です。また、修正要望が来たときには1つ1つ手直しが必要となり、修正漏れなどミスの要因にもなります。

そこで、これまで紹介してきた「アートボード」と「スマートオブジェクト」を活用しましょう。1つのファイルでバナーのクリエイティブを管理することで、ひと目で複数のバナーが確認できるだけでなく、オブジェクトの使い回しや、土台(バナーサイズ)の共有も簡単になり、作業時間が格段に早くなります。

MEMO

GDNとYDNのバナーサイズの例は次の通りです。

長方形
200×200(Google)
250×250(Google)
300×250(Yahoo!/Google)
336×280(Google)

横長サイズの長方形
468×60(Yahoo!/Google)
970×90(Google)
320×100(Yahoo!/Google)
320×50(Yahoo!/Google)
728×90(Yahoo!/Google)
970×250(Google)

縦長サイズの長方形
160×600(Yahoo!/Google)
300×600(Google)
240×400(Google)
120×600(Google)

Fig 1

Google ディスプレイ ネットワーク
https://www.google.co.jp/ads/displaynetwork/

Fig 2

Yahoo!ディスプレイアドネットワーク
http://marketing.yahoo.co.jp/service/promo/ydn/

CHAPTER 4 Photoshopの上手な使い方

POINT

- 時間と手間がかかる同一クリエイティブにおける複数バナーの作成
- 「アートボードツール」でスマートオブジェクトのコピーを多用
- 修正も一括で、かつひと目でわかる

アートボードでスマートオブジェクトをコピー&移動

必要なバナーのサイズを確認したら、バナーの数だけアートボードを作って[アートボードツール]でサイズを調整します Fig3。レイヤーパネルでアートボードの名前をダブルクリックして、サイズがわかる名前にしておくとよいでしょう。

Fig3 [アートボードツール]でサイズを調整

[アートボードツール]でサイズを調整します。

サイズの調整ができたら、クリエイティブの作成です。アートボードのうち、1つをクリックして、通常のバナー作成と同じように作業を進めます。このとき、ロゴマークやタイトル、背景などのパーツは極力「スマートオブジェクト」にしておきます Fig4。

Fig4 バナーをひとつ作成

1つ目のアートボードでバナーのデザインを作成します。

デザインが1つできたら、レイヤーパネルで関連するレイヤーをすべて選んでレイヤーグループを(サンプルでは「クリエイティブ」)にまとめます。まとめたレイヤーグループを複製して、レイヤーパネル上で他のアートボードに移動すると、マスクのような状態になり、アートボード同士でレイヤーのコピーと移動ができます Fig5。

Fig5 レイヤーグループにまとめて複製して移動

1. レイヤーグループを作成し「クリエイティブ」と命名してグループを複製(レイヤーグループをたたんだ状態で、レイヤーパネルの下部の[新規レイヤーを作成]アイコンへドラッグすると、レイヤーグループがコピー可能です)。

2. コピーしたグループを500×270ピクセルのアートボードへ移動すると、カンバス上へも要素が複製できます。

3. 配置した要素の位置をカンバスのサイズにあわせて整えます。

これを他のアートボードにも繰り返し、大まかな配置ができたら、それぞれのバナーを細かく作り込んでいきます Fig6 Fig7。最後に[ファイル]→[pngとしてクイック書き出し]を選択 Fig8 して、アートボード名で書き出して完成です Fig9。

Fig6 バナーを成形

850×150ピクセルのカンバスにも「クリエイティブ」レイヤーグループをコピー&ペーストして要素を成形します。

Fig7 同一ソースのスマートオブジェクトなら修正も一発

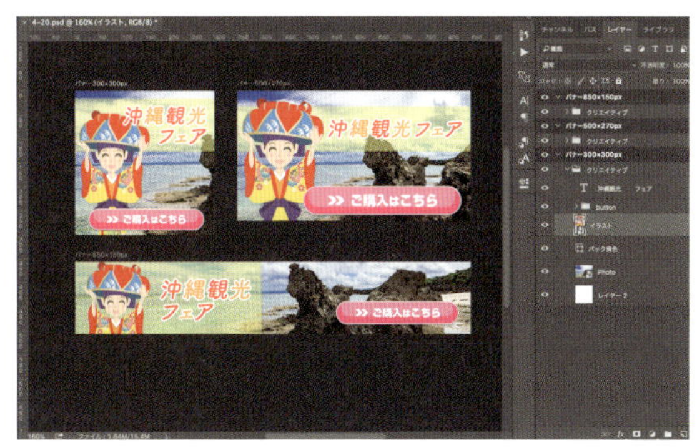

女性の表情を変更。女性のイラストをスマートオブジェクトとしてコピーしているので、1つを修正するだけで、同じイラストをすべて自動で差し変えることが可能です。

Fig8 アートボードをクイック書き出し

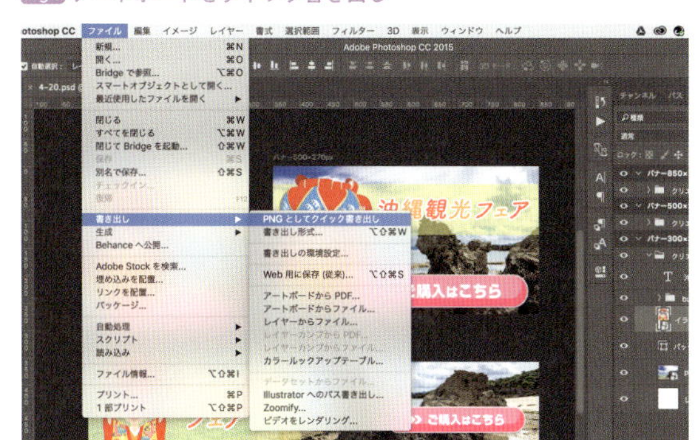

[ファイル]→[書き出し]→[PNGとしてクイック書き出し]を選択すると、アートボードのサイズにあわせたPNG画像が書き出されます。なお初期設定では、PNG-24(サイズの大きいPNG画像)として書き出されます。
[Photoshop(編集)]→[環境設定]を選択して、[書き出し]の[クイック書き出し]から書き出す画像の設定を調整可能です。

Fig9 書き出されたバナー

バナー300×300px.png

バナー500×270px.png

バナー850×150px.png

アートボード名がファイル名になるので、バナーなどの場合はサイズをファイル名にしておくと便利です。

修正が発生したら？

バナー広告の場合には、「ロゴを変えてほしい」「写真を修正してほしい」「テキストが審査に通らなかったので修正したい」など、サイズに関係なく、修正要件は共通する傾向にあります。そこで、最初に1つだけバナーを作って、それをスマートオブジェクト化してコピーして、どれか1つを修正すれば自動ですべてのオブジェクトが自動で差し替わるようにファイルを作っておきましょう。アートボードによって1つの画面（ファイル）で管理ができるので、毎回ファイルを閉じたり開いたりする必要もなく、修正漏れも減らすことができます。

CHAPTER

5

Illustratorの上手な使い方

これからのWebデザインはIllustratorやベクターデータが活躍します！　この章で紹介する、Webデザインをするなら押さえておきたい基本設定や、レイアウトが得意なIllustratorならではの機能をぜひ活用してみてください。

DESIGN RULE

075 Illustratorを Webデザイン用の設定にする

LEVEL

プロ未満

印刷物で使われることが多いIllustrator。そのため、初期設定がちゃんとできていないとWebではトラブルが発生しやすくなります。最低限の設定はかならずチェックしましょう。

IllustratorでWebデザインをする際の設定

Illustratorはその名の通りイラストを描いたり、レイアウトにも強いソフトですが、近年ではWebでもSVGというベクターデータを使う機会が増えているため、IllustratorでWebデザインをする機会も増えています。

ふだん印刷物に使っているデザイナーも多いと思いますが、印刷用の設定のままではなく、WebにはWebの設定が必要なのでしっかりチェックしておきましょう。

Illustratorの[ファイル]→[新規]から、新規ドキュメント作成パネルを開き、プロファイルを[Web]に設定します。この設定を選ぶことで一般的なWeb設定にしてくれます Fig1 。

Fig1 Web向けのIllustrator設定

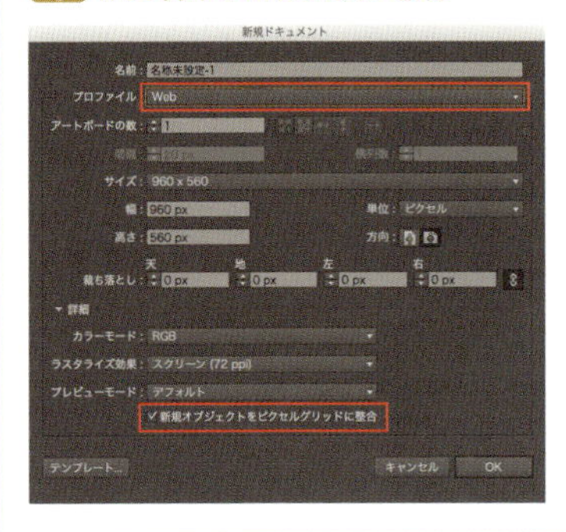

なお、[新規オブジェクトをピクセルグリッドに整合]のチェックは外すようにしましょう。

この機能は自動的にピクセルにあわせてスナップしてくれる一見便利な機能です。ただし、拡大縮小や回転などを行ったときに強制的にピクセルにあわせてしまうため、ロゴマークなどを変形させてしまう可能性もあります。

MEMO

[ピクセルグリッドに整合]は、すべてのオブジェクトにかけるのではなく、必要に応じて使用するようにしましょう。なお設定は[変形]パネルのオプションから選ぶことができます。

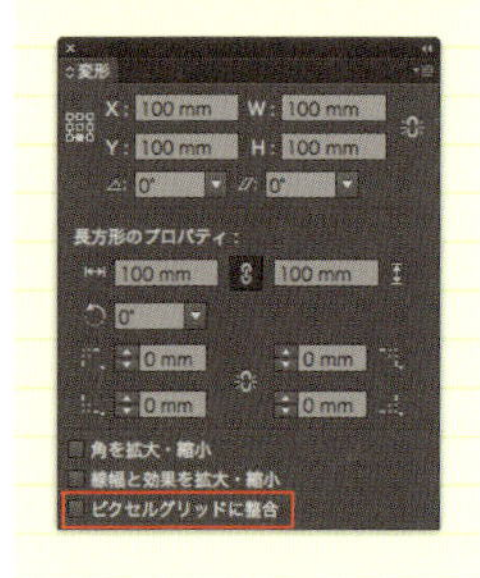

POINT

- Webの単位はすべてピクセルが基本
- Photoshopと同様、IllustratorもWeb用に設定する
- [ピクセルグリッドに整合]は変形に注意！

単位の設定をピクセルに指定する

メニューの[Illustrator〔編集〕]→[環境設定]から、単位を設定することができます。ここではすべてをピクセルにしておきましょう Fig2。

Fig2 単位の設定

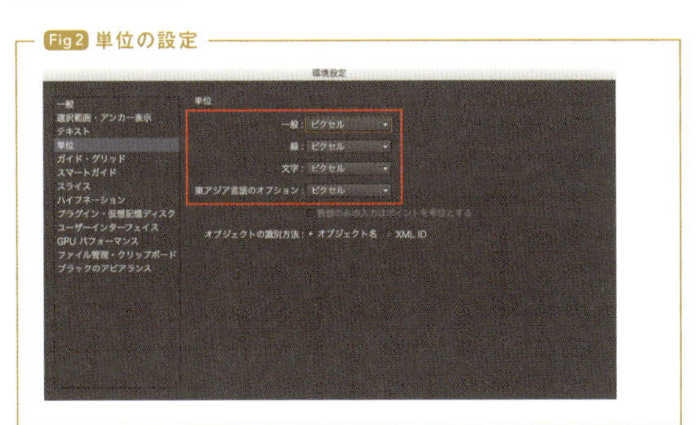

拡大表示した際に表示されるグリッドなども設定しておきましょう。[環境設定]の中の[ガイド・グリッド]から、整数のピクセルにしてきます Fig3。

Fig3 グリッドの設定

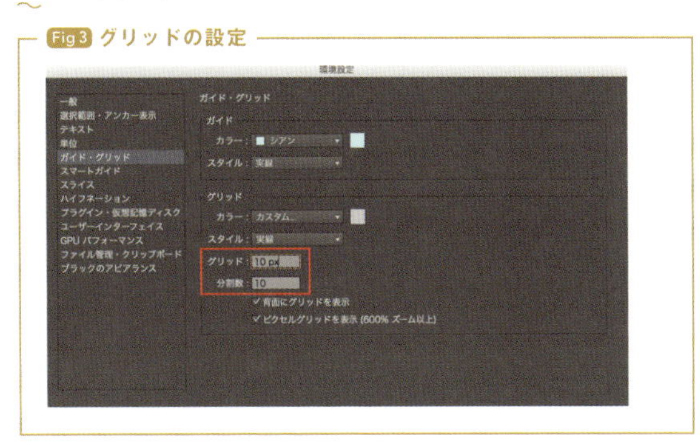

MEMO

ガイド・グリッドの数値は自由ですが、1ピクセル単位をチェックしたい場合であれば、10ピクセルの10分割。つまり、1ピクセルで表示されるようにしておくと便利です。

DESIGN RULE

076 デザインで使用する色はスウォッチで管理する

LEVEL

プロ未満

スウォッチで色を管理すれば、デザインの統一や管理面だけでなく、クライアントへ配色パターンを提案したり、修正に対しても一気に変更ができてとても便利です。

Illustratorの色管理はスウォッチで

Webデザインでは、キーカラーやテーマカラーと言われる、デザインのベースになる色を複数箇所で使用します。そのため、色の管理をきちんと行うことは重要な課題です。これは、「きちんと統一したデータを作る」という目的に加え、修正や変更指示があった場合でも、管理されたデータであれば迅速な対応が可能になるというメリットがあるためです。そして、そのために大きな力となる存在がスウォッチFig1です。

Illustratorにおけるスウォッチの基本的な使い方は、スウォッチパネルから[新規登録]するだけです。なお、この際カラーの設定を[グローバル]にしておきましょうFig2。グローバルで指定されたスウォッチは、同じスウォッチで指定されたオブジェクトやテキストの色を一括で管理できますFig3。

MEMO
グローバルのスウォッチで色を指定したオブジェクトは、スウォッチの数値を修正するだけで一度にすべての色を変更できます。

Fig1 スウォッチのパネル

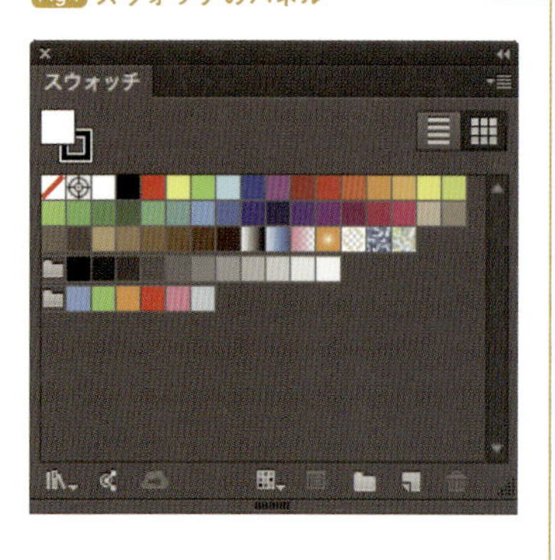

Fig2 カラータイプの[グローバル]をチェック

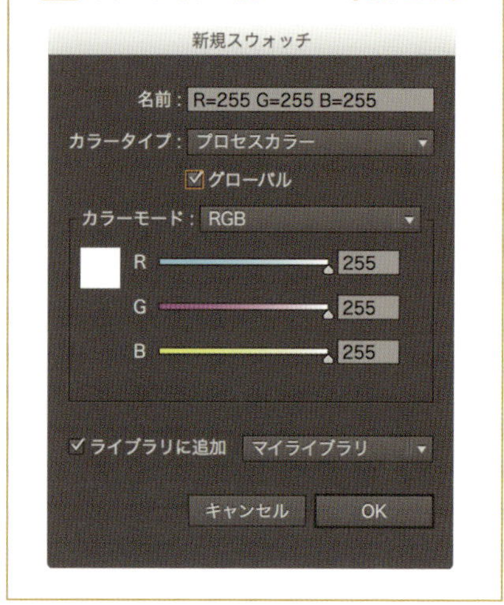

POINT

- 色はスウォッチのグローバルカラーで一括管理できる
- ライブラリに登録することでクラウド管理も可能
- スウォッチはカテゴリごとにグループにまとめることもできる

Illustrator CC2015以降では、ライブラリという色や文字の設定をクラウド管理する機能も追加されています。

スウォッチは新規登録する際に[ライブラリに追加]をチェックしておくことで自動的にクラウドに保存されるので活用してみましょう。

MEMO
ライブラリによるアプリケーション間のクラウド共有についてはP206を参照してください。

Fig3 グローバルカラーで一括変換

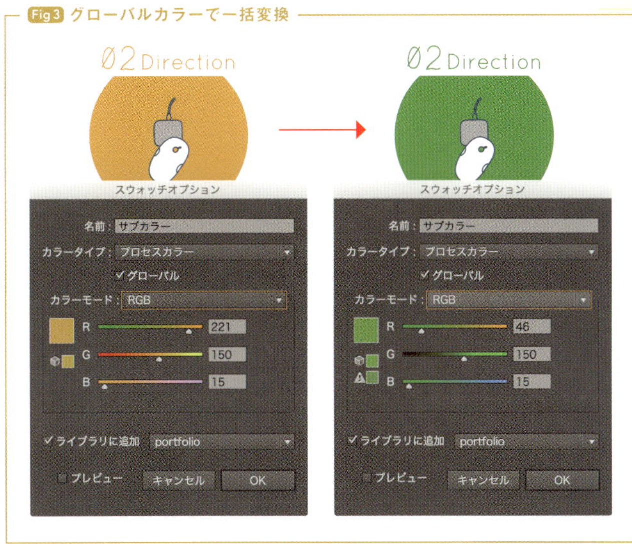

グローバルにチェックを入れると、同じスウォッチで管理されたオブジェクトを一括で変換することが可能です。

作成したスウォッチは、さらに「テーマカラー」、「線」、「背景」など、使用する要素ごとにグループにしておくと管理が楽になります Fig4。

Fig4 グループによるスウォッチの管理

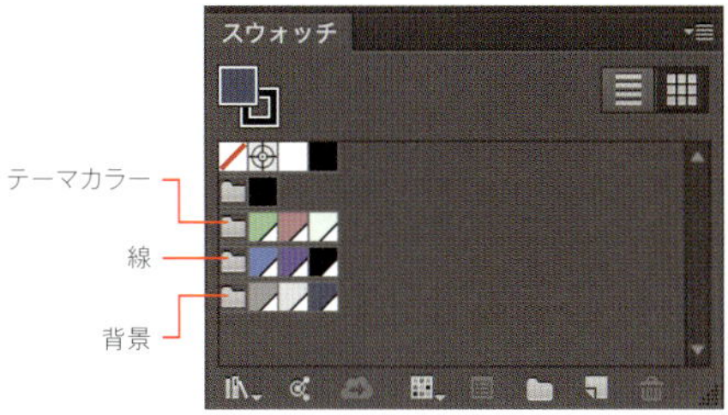

スウォッチ
テーマカラー
線
背景

DESIGN RULE

077 欧文フォントと和文フォントを合成フォントで組み合わせる

LEVEL

ひよっこ

Web独特のフォントの指定方法に対応するため、Illustratorの合成フォントを活用してみましょう。一度作成した合成フォントは保存しておけるため、後々別のデザインを行う場合にも再利用できます。

合成フォントってなに？

Illustratorの合成フォント機能は、Webデザインで役にたつ機能です。

通常、Webサイトではフォントの指定をFig1のようにCSSで記述します。これらを通常のフォントのまま、Illustratorで指定する場合は、単語ごとに文字ツールで範囲選択して指定しなければなりませんFig2。

Fig1 Webでのフォント指定の記述例

```
font-family:
Helvetica , "Hiragino Kaku Gothic ProN" , "Yu Gothic" ;
```

上記の場合、ヘルベチカ（Helvetica）を最優先で使用し、フォントがない（半角英数字以外）の場合はヒラギノ（Hiragino Kaku Gothic ProN）を、ヒラギノがなければ遊ゴシック（Yu Gothic）を使用、という優先順位の指定を意味します。

Fig2 範囲選択して指定

Helvetica とヒラギノの混合文

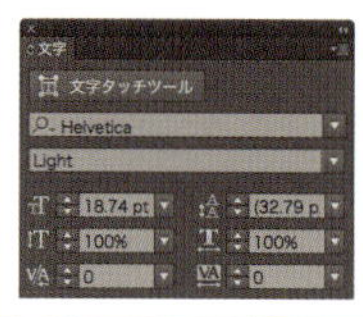

手作業で部分的にフォントを変更するのは手間がかかります。

この指定方法の場合、タイトルなど文字数の少ないものであれば対応できます。ただ、長文では単語ひとつひとつ指定しなければなりません。そこで、合成フォントという機能を使って、自動的に半角英数字や和文のフォント指定をしたオリジナルの組み合わせフォントを作成します。

MEMO
Webサイトのフォントの指定方法はP042を参照してください。

MEMO
裏技的な方法として、一度全体をヒラギノで指定し、そのあとにHelveticaを指定して混同させることも可能です。

POINT

- Webはフォントの指定に優先順位が存在する
- Illustratorは合成フォントで独自のフォントセットが作成できる
- 合成フォントを使った場合は必ず明記する

Illustrator で[書式]→[合成フォント]を選択して合成フォントのダイアログを開き、[新規]で新しいフォントのセットを作成します。漢字、かななどの全角文字や、英数字などの半角文字に、それぞれ割り当てたいフォントを指定したあと、[OK]を押してパネルを閉じます Fig3。

Fig3 合成フォントパネル

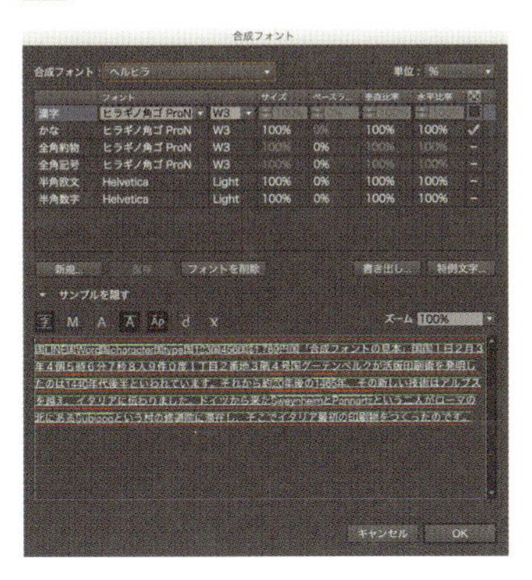

漢字・かな・全角約物（句読点や括弧など）・全角記号には和文フォント、半角欧文・半角数字には欧文フォントを指定します。なお、半角欧文と半角数字でフォントを変えるような処理は、CSSの仕組みだけでは困難です。

文字パネルを開くと、一番上に作成したフォントセットの名前で表示されるようになります。このフォントセットを指定すれば、文字グループ全体が合成フォントで自動的に処理されるようになります Fig4。

Fig4 文字グループが混合フォントで処理

Helvetica とヒラギノの混合文

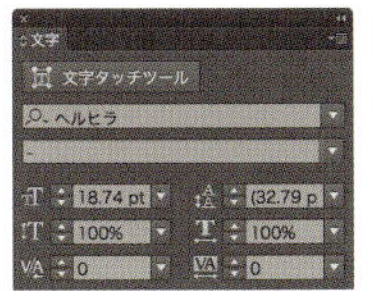

半角欧文がHelvetica、和文がヒラギノで自動的に表示されます。

MEMO

合成フォントは、データを受け取った側がデータを開いても警告が出ません。フォントセットの名前のみが文字ツール上に表示されるので、合成フォントを使用した場合は、構築する側にもフォントについて必ず伝えるようにしましょう。

DESIGN RULE

078 オリジナルWebフォント・アイコンフォントを作る

LEVEL

デザインはレイアウトだけではありません。既存のフォントやアイコンで満足できなければ、自作したパーツをWebフォント化してサイトのデザイン性をアップしましょう。

自作したアイコンやフォントの活用

Webフォントやアイコンフォントの活用は非常に便利な技術です。ただ、オリジナルのフォントであったり、デザインを揃えるために自作したアイコンパーツなど、既存のフォントサービスだけでは対応できないことも多々あります。そこで、自作したフォントやアイコンをWebフォントとして活用する方法と注意点をご紹介します。

オリジナルアイコンや自作フォントを使う意味

Webサイトは、様々な状況により表示が変化します。たとえば、マウスを乗せたときのロールオーバー（hover）、状況を知らせるアイコン、時間経過を知らせる数字など、Webサイトは常に同じ表示とは限りません。

ブランドイメージにあわせたオリジナルのアイコンやオリジナルの英数字を、Webフォント化して活用すると、動的に変化する中であってもデザインのイメージをコントロールすることができます Fig1。

Fig 1

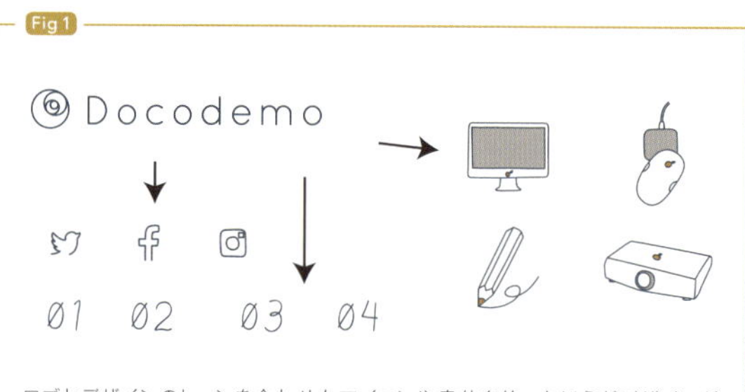

ロゴとデザインのトーンを合わせたアイコンや書体を使ったほうがデザインが整いやすい

MEMO
アイコンだけでなく、ロゴマークなども、フォント化しておくと便利です。ただし、あくまでフォントなので、単色指定しかできない点に注意しましょう。

CHAPTER 5 Illustratorの上手な使い方

POINT

- オリジナルのアイコンも簡単にアイコンフォントにできる
- 動的に変化する英数字もWebフォント化すれば一味違う表現が可能
- オリジナルのアイコンフォントは専用ツールがなくても制作可能

IcoMoonなどのWebサービスを活用する

Webアイコンフォントサービスには、オリジナルのアイコンを登録できるものがあります。その具体的な方法について「IcoMoon」を例に紹介しましょう。

URL
IcoMoon
https://icomoon.io/app

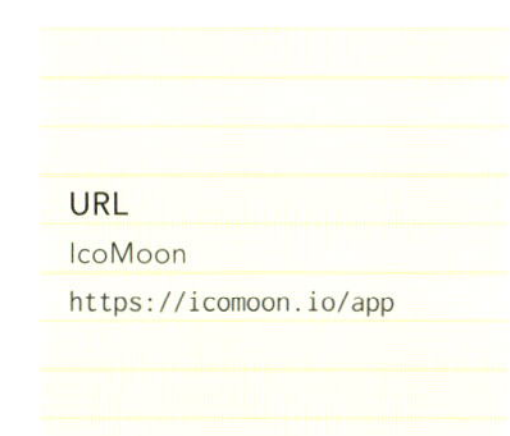

初めて「IcoMoon」のサイトにアクセスすると、Freeアイコンなどの通常セットが表示されます。そこに、自作したSVGを画面のサイト上にドラッグ（または[Import Icons]をクリックしてSVGファイルを選択）して追加しますFig2。

Fig2

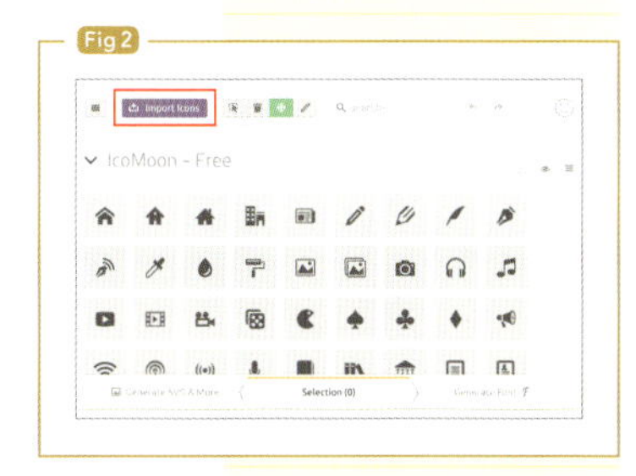

追加されたSVGはアイコンとして認識され、アイコン一覧に表示されます。アイコン選択ツールをクリックし、使用したいアイコン（ここでは自作したアイコン）を選択して、右下の[Generate Font]をクリックしますFig3。

Fig3

選択した最終的なアイコンを確認し、[Download]ボタンからダウンロードするとFig4、Webサイトで使用する場合のファイルや、PC上で使用する際のttfファイルなどを保存できますFig5。

Fig4

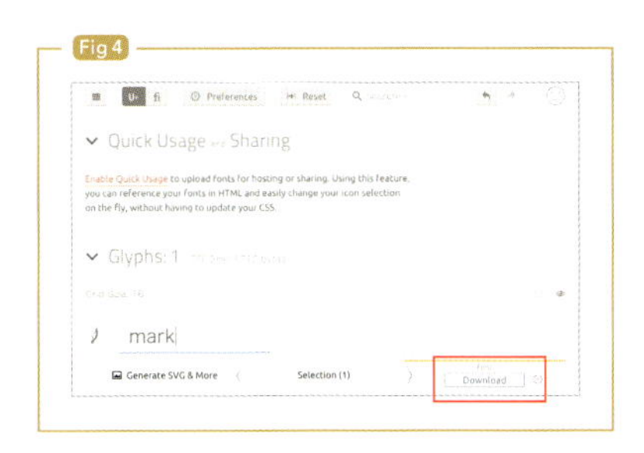

Fig5

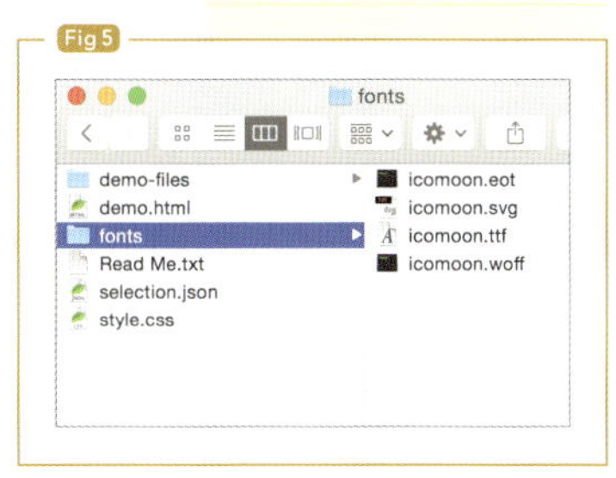

Gliyphsなどのフォント作成アプリを活用する

フォント作成アプリの中でも比較的使用方法が簡単で、かつ日本語化もされているのが「Gliyphs」です。有償のアプリですが、比較的安価なMini版も販売されているので、はじめてのフォント制作におすすめです。

Mini版は英数字やユニコード（Unicode）で指定した文字をフォント化することができます。

A（大文字）～z（小文字）までは通常セットとして登録されてます。数字やUnicode指定など新規で作成する場合は、下部の「+」マークから追加し、グリフ（文字）名に希望の数字やUnicodeを指定します Fig6。なお、Unicodeについての詳線は「https://ja.wikipedia.org/wiki/Unicode一覧」などを参照してください。

Fig6

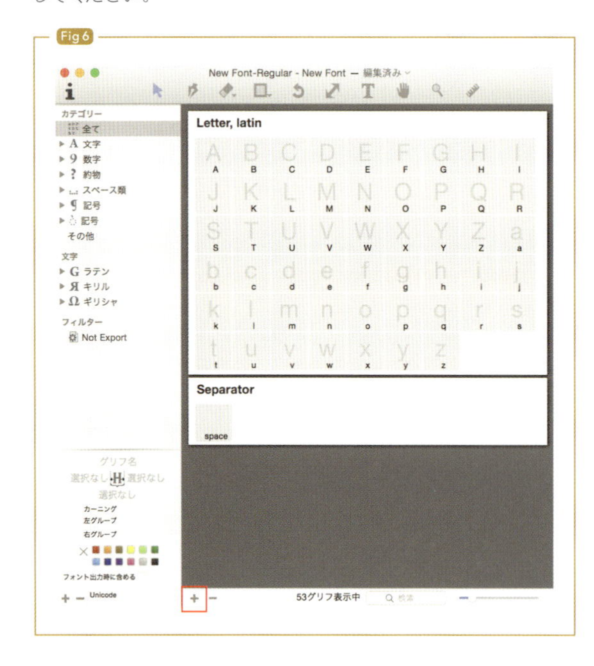

MEMO
その他のフォント作成ソフトには次のようなものがあります。

FontForge
http://fontforge.github.io/ja/

PointFont
http://www.paintfont.com/

TTEdit
http://opentype.jp/ttedit.htm

MEMO
ユニコード（Unicode）を指定する場合は、新規グリフを作成してグリフ名の指定で「uni」のあとにコード番号（16進数）を入力するか、またはユニコードで表示されている文字をコピー＆ペーストします（例：uni0c30）。

オリジナルで登録したい文字をダブルクリックで開き、そこにIllustratorなどで作成したオブジェクトをコピー＆ペーストするだけで登録ができます Fig7 。字幅など細かな調整は数値で指定できますが、基本的なサイズとしてIllustrator上で900ピクセル程度で作成すると、収まりやすいサイズになります。

Fig7

MEMO
フォントさえ作れれば、Webフォント化はそれほど難しくありません。構築するエンジニアさんに相談して、適切に処理してもらいましょう。

フォントの作成が済んだら、メニューから［ファイル］→［出力］で書き出します。ただし、「Gliyphs」で書き出されるフォントはOTFになるので、そのままではWebフォントとして使用できません。「WEBFONT GENERATOR」などを活用して、Webでも使用できる形式を用意しましょう Fig8 。

URL
WEBFONT GENERATOR
http://www.fontsquirrel.com/tools/webfont-generator

Fig8

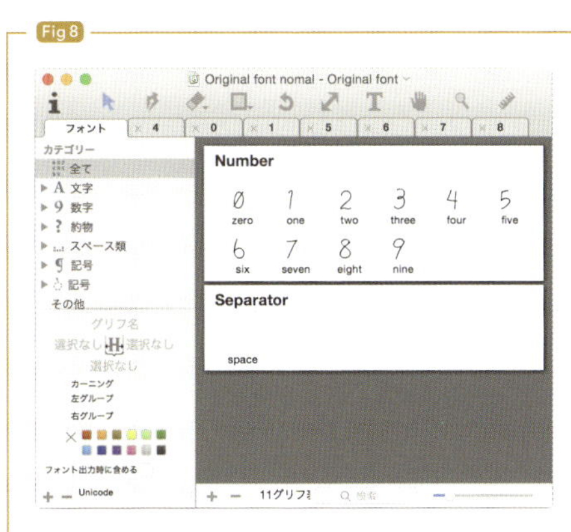

DESIGN RULE

079 Illustratorでも使える文字／段落スタイル機能

LEVEL

必須

プロ未満

アイコンや色だけではなく、使いまわしている文字のサイズ・色・フォントなどをまとめて管理すれば、効率よくデザインできます。そのためにIllustratorの文字スタイル／段落スタイルを活用しましょう。

文字スタイルと段落スタイル

P156で説明したPhotoshopの文字スタイルと段落スタイル機能ですが、同様の機能はIllustratorにも備わっています。Webデザインでも効力を発揮する機能なのでぜひ活用しましょうFig1。設定を開くとわかる通り、段落スタイルの方がインデントやタブ指定など、文字スタイルよりもより細かな指定が可能になっていますFig2 Fig3。文字スタイルは「個別の文字の指定」、段落スタイルは「ブロックレベルでの指定」と考えるとわかりやすいですが、あまり細かな指定を求めないWebデザインでは、文字スタイルのみで管理しても問題はないでしょう。

Fig1 文字スタイル／段落スタイルパネル

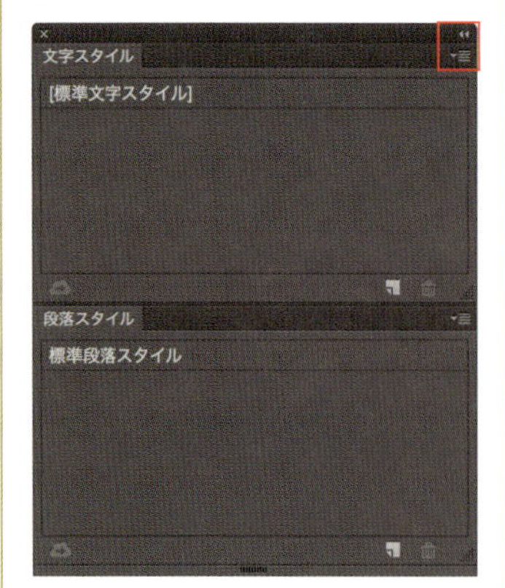

[ウィンドウ]→[書式]から選択します。

Fig2 文字スタイル設定画面

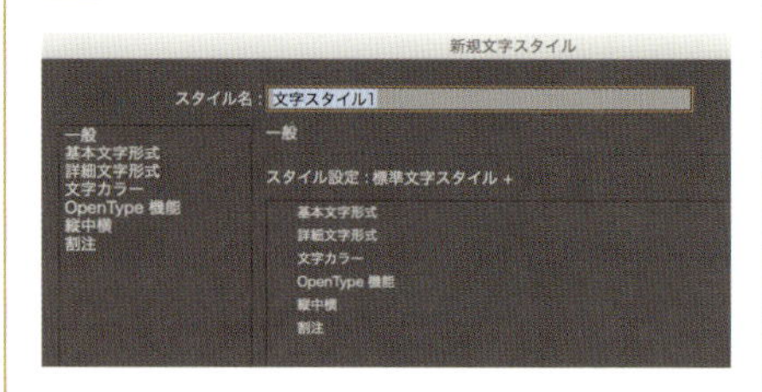

Fig3 段落スタイル設定画面

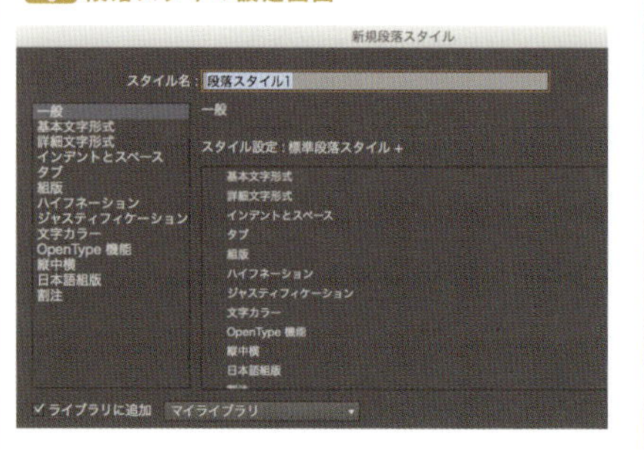

POINT

- 文字はスタイルで一括管理する
- スタイルを使うと書式の統一と変更が手軽にできる
- ライブラリに登録することでクラウド管理も可能

スタイルを活用した文字の管理方法

文字スタイルも段落スタイルも使い方は基本的に同じです。まずは、保存したい文字サイズ、色、行送りなどを設定した文字を選択するか、または何も選ばない状態で、パネル下部の［新規スタイルを作成］をクリックします。

あらかじめ設定した文字を選んだ状態で新規作成すると、その文字の設定が自動的に反映されます。選択していない状態で作成した場合は、パネル内の左メニューから設定します Fig4。

MEMO
右上のパネルオプションメニューから［新規文字（段落）スタイル］を選んでもかまいません。

Fig4 パネルの詳細を設定

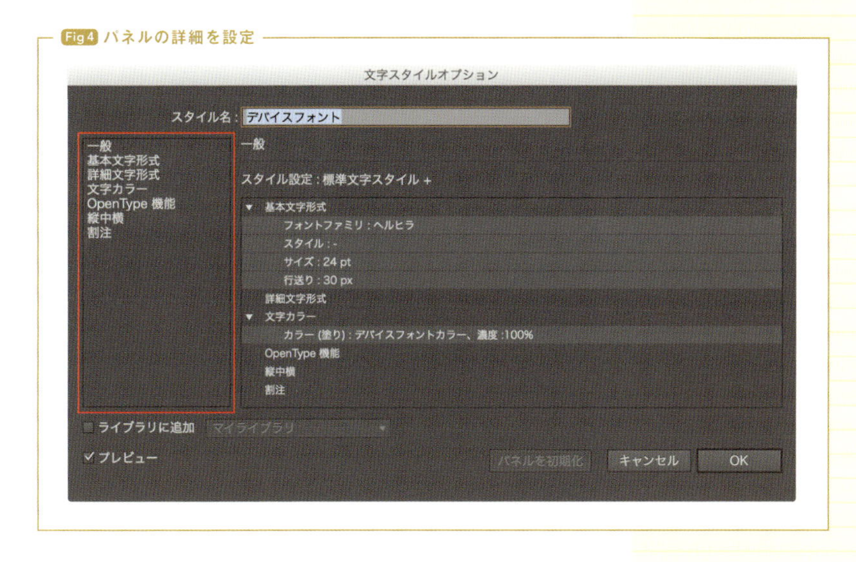

DESIGN RULE

079 Illustratorでも使える文字／段落スタイル機能

作成したスタイルに名前をつけるときは、タイトル（h1）や本文（p）、リンクテキスト（a:link）といった名前にするとわかりやすいでしょう。

これらのスタイルを必要な文字に適用していけば、各箇所のテキストの設定を揃えることができます。

また、修正も簡単です。たとえばメニューのフォントを変えたいと思ったときも、テキストのフォントをひとつひとつ変えていく必要はありません。スタイルパネルで目的のスタイルを開き、設定されたフォントを変更すれば、そのスタイルが適用されたすべてのテキストに反映されます Fig5 。

Fig5

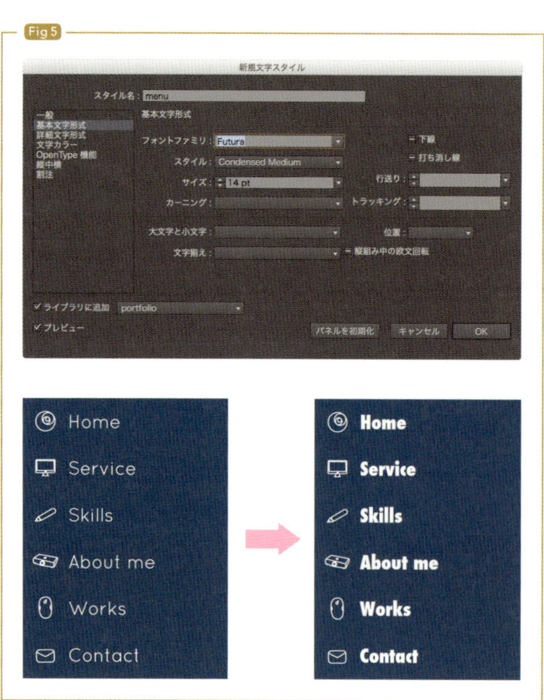

スウォッチなどと同様に、スタイルの設定もAdobe CCのクラウド機能を利用するとほかのアプリケーションと連携が可能です。Illustratorでパーツを作成し、Photoshopでデザインを作成するような場合はこちらもうまく活用してみましょう。

MEMO

アプリケーション間のクラウド共有についてはP206を参照してください。

COLUMN 完成したら全体表示に

Illustratorでデザインをしていると、細かな部分を作りこんだり、画面をアップにした状態で保存をすることが多いものです。

しかしIllustratorのファイルは保存した際の表示倍率と表示位置も保持します。データを渡す際、特定の場所にクローズアップ、拡大表示したものを渡すと、コーディング担当者は「使用できるデザイン範囲はどこだろう？」と悩んでしまいます。データを渡す前は、最終的に必要なデータのみをデータ内に残し、複数のアートボードを使用しているなら［すべてのアートボードを全体表示］にして、全範囲を見えるようにしてあげるだけで、やりとりの手助けになります。

Webデザインに限らず、納品データは「全体表示」にすることを心がけましょう。

アウトライン	⌘Y
GPUでプレビュー	⌘E
オーバープリントプレビュー	⌥⇧⌘Y
ピクセルプレビュー	⌥⌘Y
校正設定	▶
色の校正	
ズームイン	⌘+
ズームアウト	⌘−
アートボードを全体表示	⌘0
すべてのアートボードを全体表示	⌥⌘0
100% 表示	⌘1
境界線を隠す	⌘H
アートボードを隠す	⇧⌘H
プリント分割を表示	
スライスを表示	
スライスをロック	
テンプレートを隠す	⇧⌘W
定規	▶

COLUMN フラットデザインとマテリアルデザイン

フラットデザインとマテリアルデザインは、似ているようで意味が異なります。フラットデザインは、スマートフォンなど小さな画面での視認性を考慮し、できる限りシンプルな形、色使いで表現することを前提にしています。

マテリアルデザインはmaterial（素材）が由来となっており、たとえば重なり合うコンテンツは紙を前提として、上の紙の影が下の紙にかかることで位置関係を明白にしたり、タップしたボタンが変形、展開することで、ボタンの持つ意味をはっきりさせることが目的となっています。

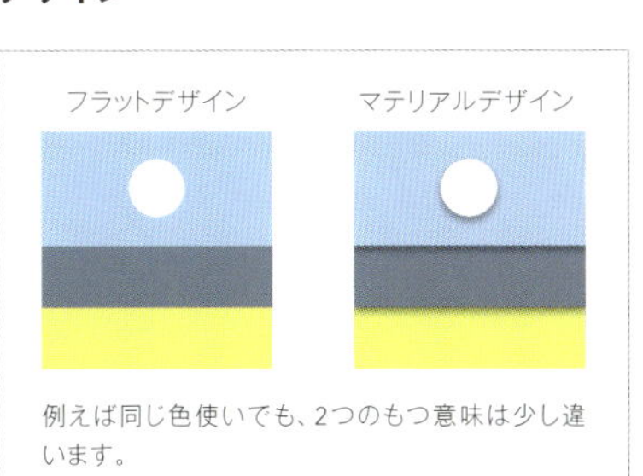

例えば同じ色使いでも、2つのもつ意味は少し違います。

DESIGN RULE

080 角丸にはあとから半径がわかる機能を利用する

Illustratorでは角丸も簡単に描画できます。CSSで指定できるように、角丸の半径の数値が保たれる機能を利用しましょう。CC2014で追加されたライブシェイプ機能が手軽でお勧めです。

角丸を画像で書き出していた時代とは違う

以前は、背景に角丸長方形を入れたタイトルなどは、背景画像を書き出して、その上にテキストを載せていました。しかし、CSSで角丸も簡単に表現できるようになり、角丸長方形も数値で指定するようになりました。Illustratorにも、長方形の角丸を描画できるさまざまな機能があります。CSSでのコーディング用に、角丸の半径があとからわかるものを利用しましょう。ここではCC2014で追加されたライブシェイプ機能を見てみます。

長方形ツールで長方形を描いてFig1、選択ツールでオブジェクトを選択すると、変形パネル内に「長方形のプロパティ」が表示されますFig2。ここに数値で直接入力するか、またはフリーハンドで二重丸部分を引っ張ると、角丸を作ることが可能です。

また、ライブシェイプで角丸を指定しておけば、長方形を変形した時でも角丸の数値はそのままで変形が可能ですFig3。

MEMO
CCの場合は、角丸は「ライブコーナー」という機能を利用します。CS6の場合は長方形に[効果]→[スタイライズ]→[角を丸くする]を利用するとよいでしょう。「ライブコーナー」の場合はライブコーナーダイアログ、「角を丸くする」効果はアピアランスパネルから角丸の半径の数値を確認できます。

注意
フリーハンドで角丸を作った場合は小数点が発生しやすくなります。最終的に必ず整数になるように調整してあげましょう。

Fig 1

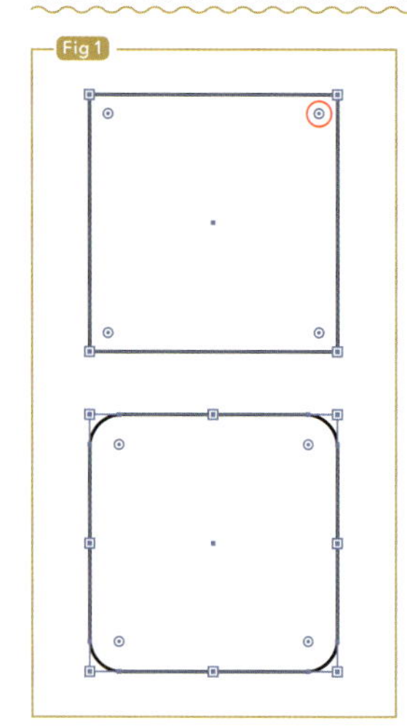

Fig 2

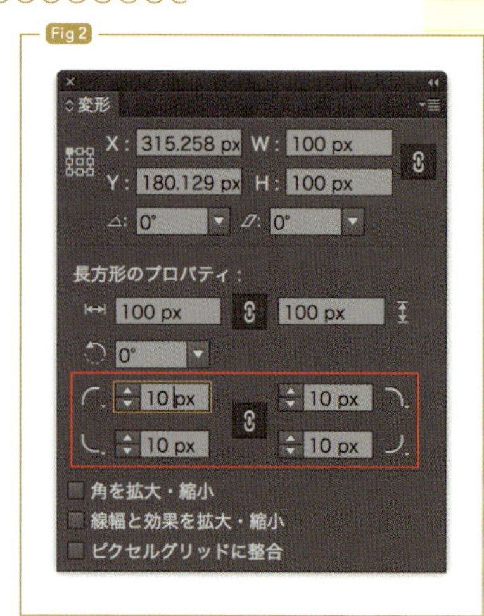

CHAPTER 5 Illustratorの上手な使い方

POINT

- Illustratorには角丸を描画する様々な機能が搭載されている
- ライブシェイプで角丸指定をすると加工も書き出しも簡単
- 円も長方形&角丸で描けばCSSも簡単にコピーできる

Fig3 変形しても角丸は同じ

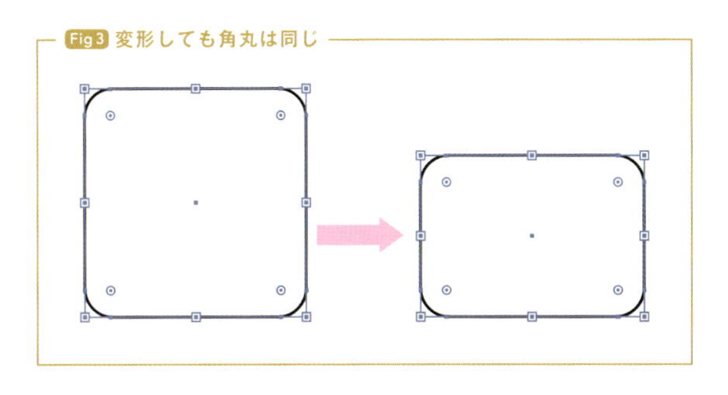

MEMO
変形で角丸を保つ場合は[環境設定]の一般項目にある[角を拡大・縮小]のチェックをはずしておきましょう。

CSSで円を描くときは実は角丸で書いている

CSSはうまく使えば円を描くことも可能です。しかしここでポイントになるのは、その円の描き方です。CSSの場合、実は角丸を最大値で当てた長方形、または正方形を円に見せています。

そこで、デザインデータでもそれを前提に、長方形を角丸機能で円にしておくと、CSSプロパティから円を描画するCSSのコードを簡単に抜き出すことができます Fig4。

MEMO
CSSプロパティパネルについてはP212で詳しく説明しています。

Fig4 角丸で円を表現

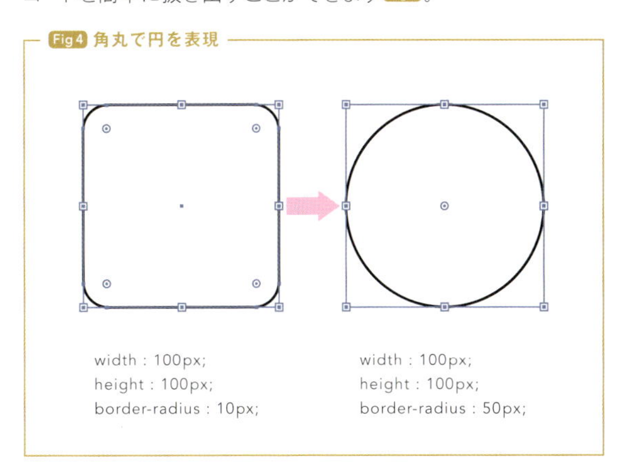
width : 100px;
height : 100px;
border-radius : 10px;
width : 100px;
height : 100px;
border-radius : 50px;

DESIGN RULE

081 線の指定でひと工夫。1ピクセルの線を描くコツ

LEVEL

推奨

ひよっこ

1ピクセルの線が上手く描けないからとIllustratorによるWebデザインを苦手と考える人もいます。しかし、ちょっとしたコツと応用でIllustratorでもWebデザインにあわせた線を描画できます。

WebでIllustratorの1ピクセルの線がボケる理由

Illustratorで描画した線が、Web上ではボケてしまうケースがあります。その理由は次のようなものです。

まずIllustratorの基本として、線は「パス」を中心に、上下左右に膨れる形で太くなっていきます Fig1。

Fig 1

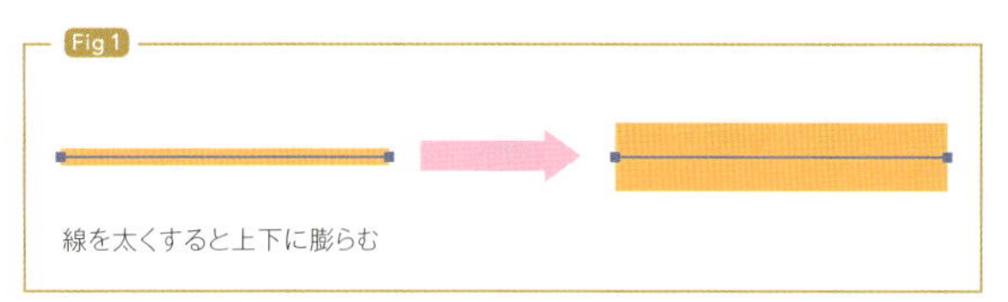

線を太くすると上下に膨らむ

一見すると問題がないようですが、仮に1ピクセルの線を描こうとすると、上下に0.5ピクセルずつとることになります。ピクセルであわせる必要のあるWebデザインでは、このままだとずれてしまいます Fig2。

このような問題に対処する方法を、クローズパスとオープンパスそれぞれについて紹介します。

Fig 2

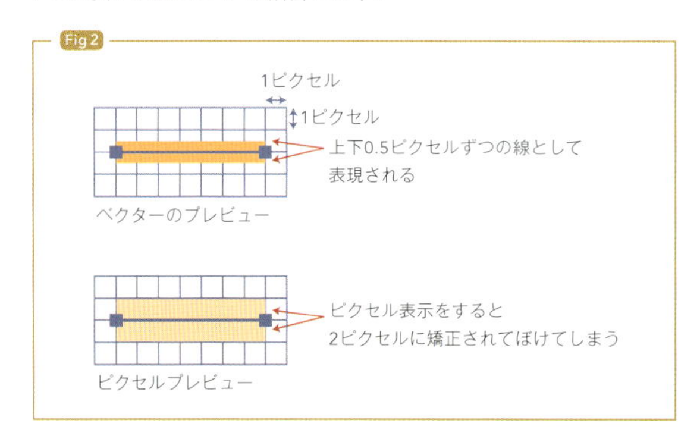
1ピクセル
1ピクセル
上下0.5ピクセルずつの線として表現される
ベクターのプレビュー
ピクセル表示をすると2ピクセルに矯正されてぼけてしまう
ピクセルプレビュー

MEMO
オブジェクトなどのデザイン面を、いくら整数のピクセルにあわせても、アートボード自体に小数点が入っていると、書き出した際にずれてしまいます。詳しくはP201を参照してください。

POINT

- 1ピクセルなど奇数の線はピクセルずれに注意
- クローズパスは[線の位置]で設定
- オープンパスは[線幅ツール]を活用

クローズパスの1ピクセル

長方形や楕円形など、パスが閉じている状態(クローズパス)は、線パネルの[線の位置]を「線を内側に揃える」、または「線を外側に揃える」に設定することで、ピクセルのずれを回避することが可能です Fig 3。

Fig 3

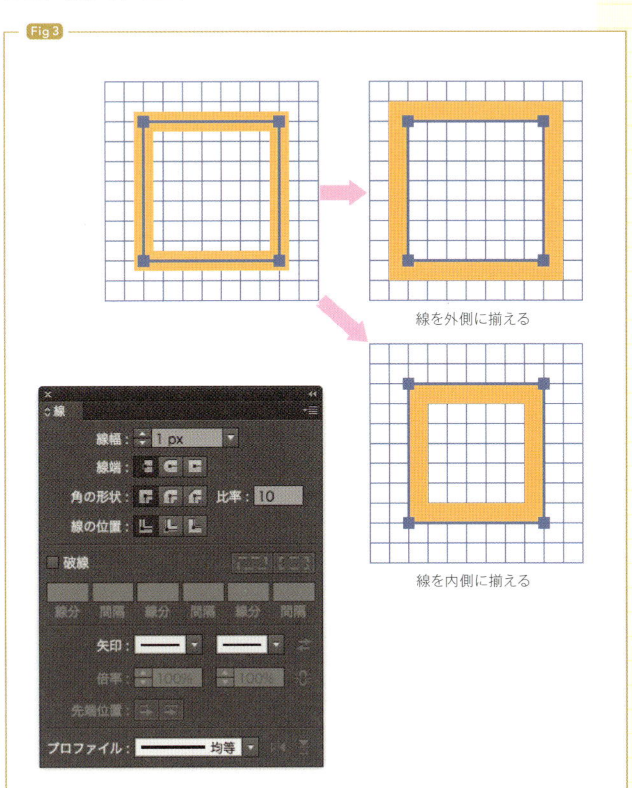

DESIGN RULE
081 線の指定でひと工夫。1ピクセルの線を描くコツ

オープンパスの1ピクセル

線のみを使用するような、オブジェクトのパスが閉じていない状態（オープンパス）では、「線の位置」を設定することができません。そのような場合は、「線幅ツール」を活用しましょう。

1ピクセルの線を書き、ツールパネルから「線幅ツール」を選択Fig4して、アンカーポイントをダブルクリックするとFig5、ダイアログが出てきます。

Fig 4

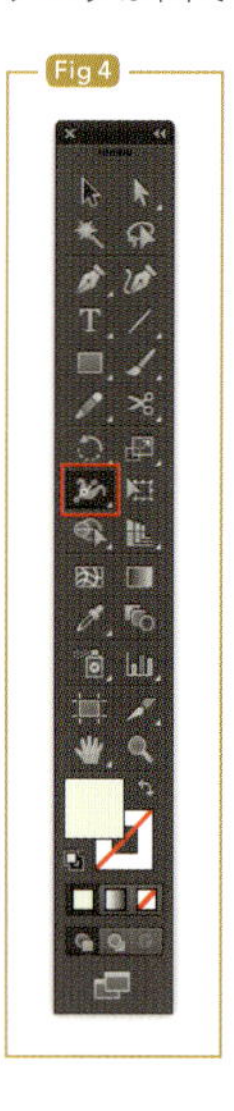

Fig 5

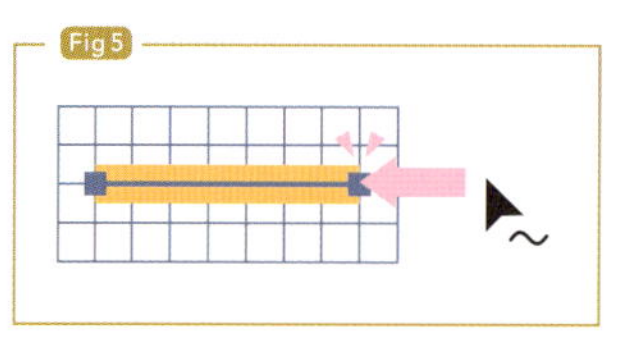

Fig 6

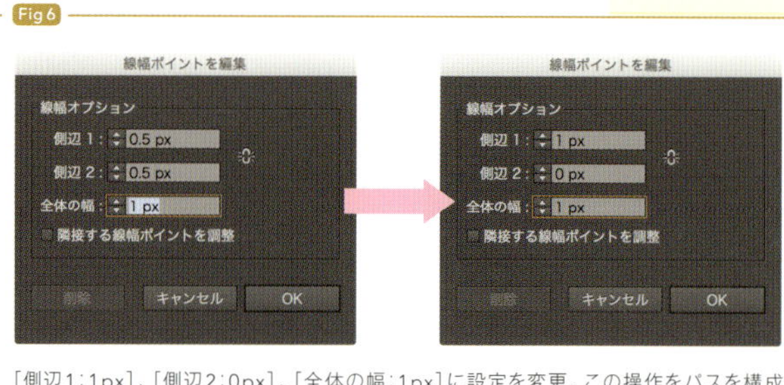

[側辺1：1px]、[側辺2：0px]、[全体の幅：1px]に設定を変更。この操作をパスを構成するすべてのアンカーポイントに対して行います。

初期設定では、側辺1と側辺2がそれぞれ0.5になっているはずなので、どちらかを1ピクセル、残りを0ピクセル、全体の幅を1ピクセルと設定しますFig6。

この設定をアンカーポイントすべてに適用すれば、片側に1ピクセル幅をもつ線になりますFig7。

Fig 7

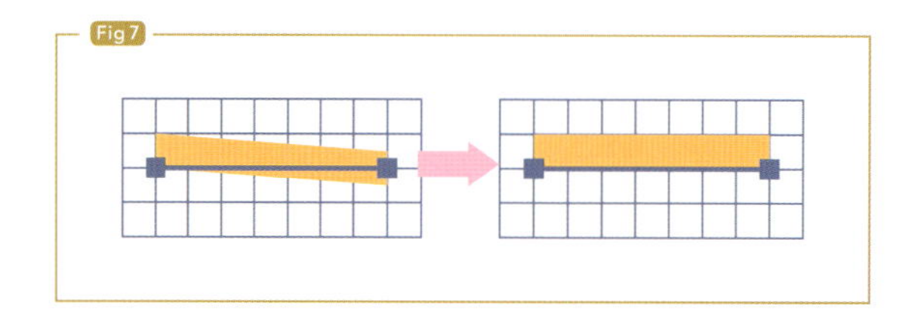

MEMO

作成したオープンパスの設定は、線パネルの「プロファイル」から登録できるので、保存しておくと次回以降簡単に使用できるようになります。

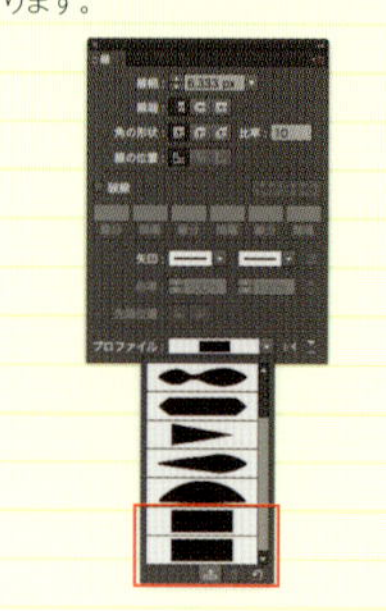

CHAPTER 5 Illustratorの上手な使い方

COLUMN 書き出したらズレる！ アートボードの設定に注意

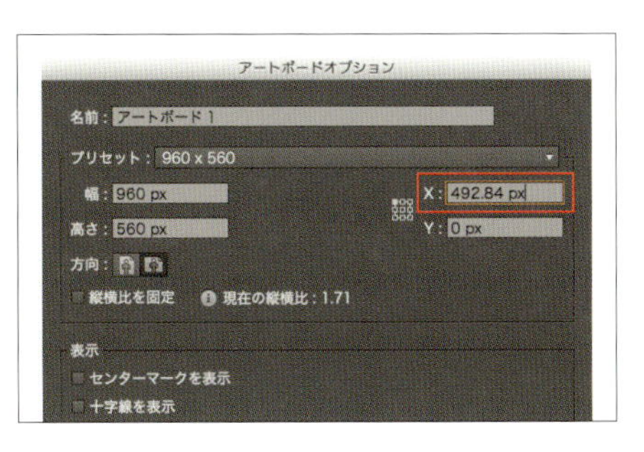

Illustrator でWebデザインをしていると、よく「ピクセルがずれる」、「書き出したらボケる」などのピクセルずれ問題を指摘されることがあります。これはほぼ間違いなく、設定にミスがあるときに発生します。そして、設定ミスに一番多いのが、「アートボード」の設定です。

たとえば上図のように、アートボードの数値、特に「X」、「Y」の数値のいずれかに小数点が入っていると、下図のようにピクセルがずれた状態で書き出されます。アートボードの設定は、必ず整数で行うようにしましょう。

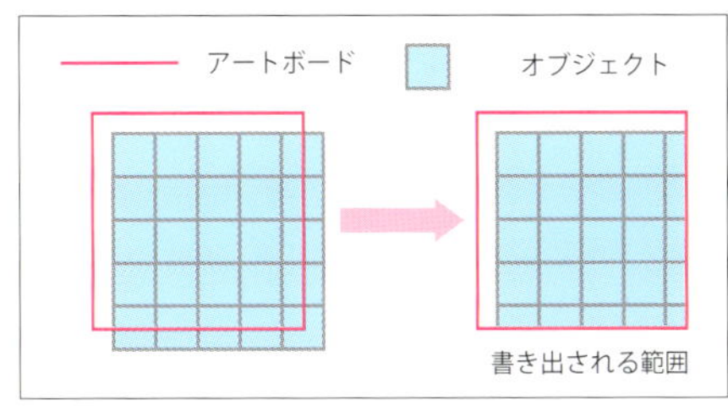

COLUMN これから増えるSVG

SVGと は、Scalable Vector Graphics（スケーラブル・ベクター・グラフィックス）の略です。その名の通り、ベクターデータで描画が可能です。これは簡単に言えばIllustratorと同じ、拡大縮小しても劣化しないデータをWebサイトでも使えるということになります。

すでにSVGは多くのサイトで取り入れられており、アニメーションなどの表現はまだ安定していないものの、主流となっているどのブラウザでもほぼ表示できます。これまで画像で処理していたロゴマークなどのデザインパーツは、今後 SVGが主流になっていくでしょう。

082 シンボルを使って アイコンや素材を一元管理する

LEVEL

\凄腕/

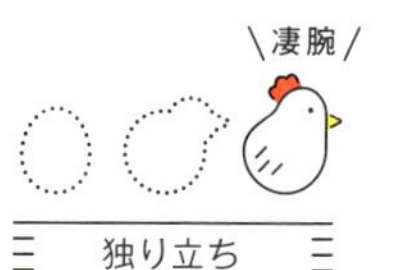

独り立ち

似たようなパーツの多いWebデザインで、ひとつひとつのパーツを個別に管理していたら大変です。修正も複製も一気にできるシンボルを活用してみましょう。

同じ素材を使うことが多いWebデザイン

ページごとにデザインしたり、アイコンやボタンといった素材パーツの使い回しが多いWebのデザインでは、ひとつのパーツに修正が入ると、それを使用している箇所すべてに修正をかけなければいけません。そこで、アイコンなどを一元で管理することで修正や変更の対応を効率化しましょう。

たとえば Fig1 のような3つのメニューボタンがあるとします。通常であれば、3つをそれぞれ、オブジェクトで作成していきますが、ここで「ボタンをすべて角丸にする」という修正が入った場合、3つを1つずつ修正するか、または修正したボタンをコピーして、それぞれに配置して文字を入力しなおす必要が出てしまいます Fig2。

Fig 1

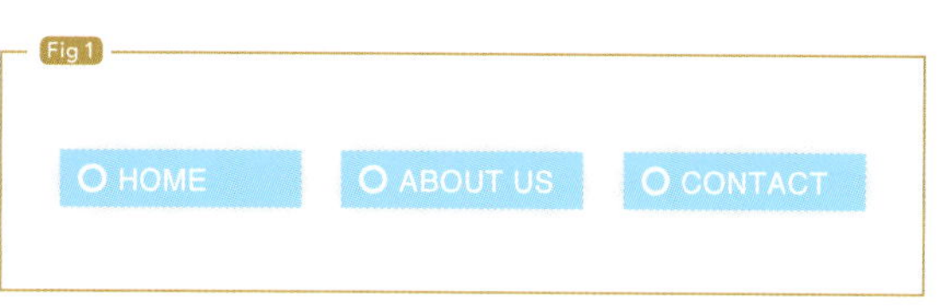

Fig 2

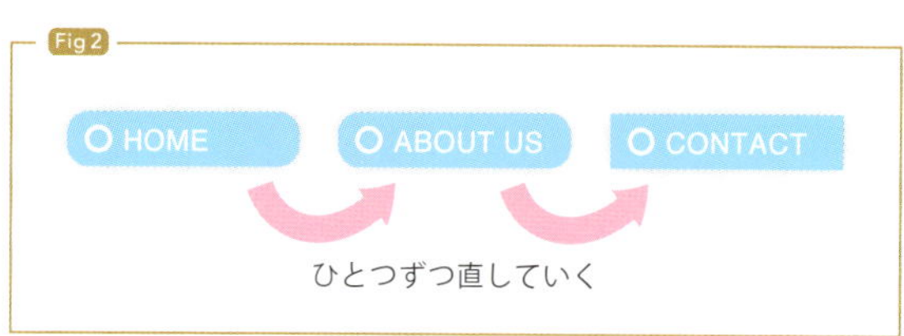

数が少なければ対応も簡単かもしれませんが、これが「各ページごと」、「数十項目」となれば、かなりの手間です。そこで、シンボルを利用した管理方法をご紹介します。

POINT

- アイコンやボタンなどの管理はシンボルが便利
- ダイナミックシンボルはリンクを保ったまま一部変更が可能
- 使い方次第では一気に効率化ができる優れもの

シンボルを使ったオブジェクトの管理

ベースとなるオブジェクトを作成します。この際、テキストなどは修正がききませんので、オブジェクト部分のみを登録するようにしましょう。

続いて、オブジェクトをシンボルパネルにドラッグ&ドロップするか、オブジェクトを選択した状態でパネルのメニューから[新規シンボル]を選択します Fig3。シンボルオプションが開くので、名前を付けて[OK]をクリックして登録します。[書き出しタイプ]と[シンボルの種類]は初期設定のままで問題ありません Fig4。

MEMO
シンボルパネルは[ウィンドウ]→[シンボル]で開けます。

Fig3 オブジェクトをシンボルに登録

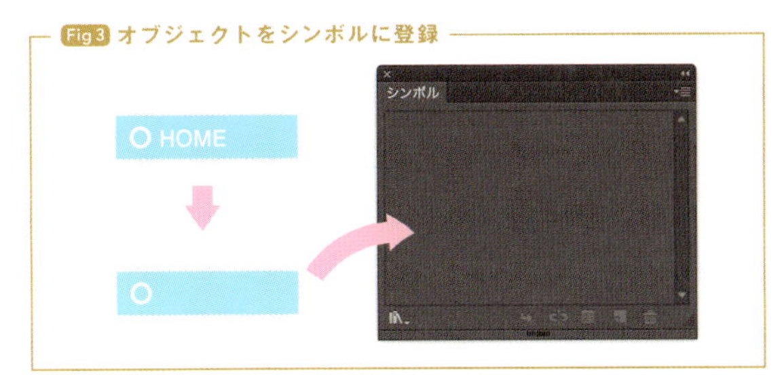

Fig4 シンボルオプションの設定

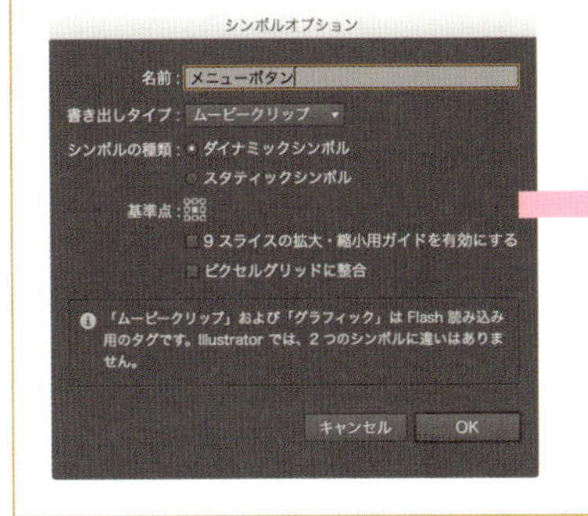

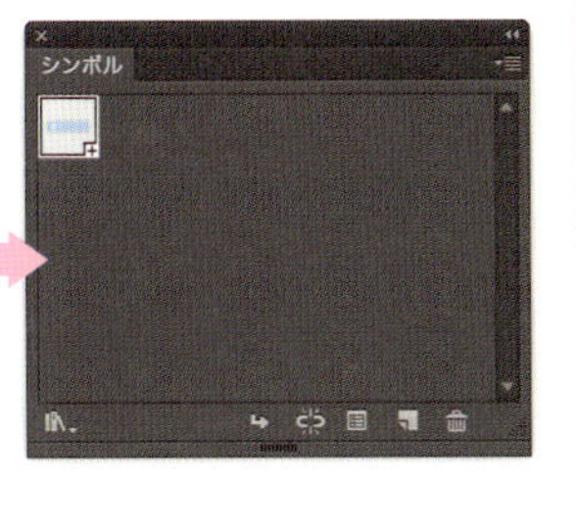

シンボルにすると通常の選択時とは少し見た目が変わり、中央に「+」マークが表示されます。

シンボルは通常のオブジェクトと同様に複製できます。シンボルパネルからドラッグするか、またはパネルのメニューから[シンボルインスタンスを配置]を選択してもよいでしょう Fig5。

メニューボタンであれば、シンボルの上に必要なテキストを配置して各ボタンを用意しましょう Fig6。

Fig5 シンボルを複製

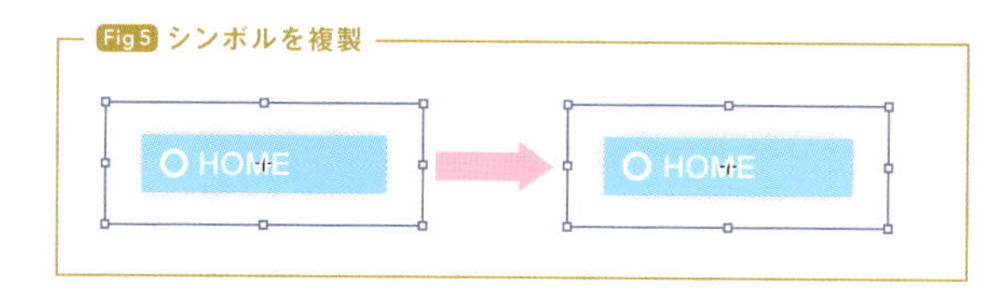

Fig6 複製したシンボルを修正

シンボルの編集

では、具体的にシンボルを編集する手順を説明します。まず、ボタンをすべて角丸に変更してみましょう。

シンボルを編集する場合は、シンボルパネルの中の編集したいシンボルをダブルクリックするか、またはアートボード上のシンボルをダブルクリックします Fig7。ここで行った編集は、同じシンボルすべてに適用されます Fig8。

Fig7 ダブルクリック時に表示されるダイアログ

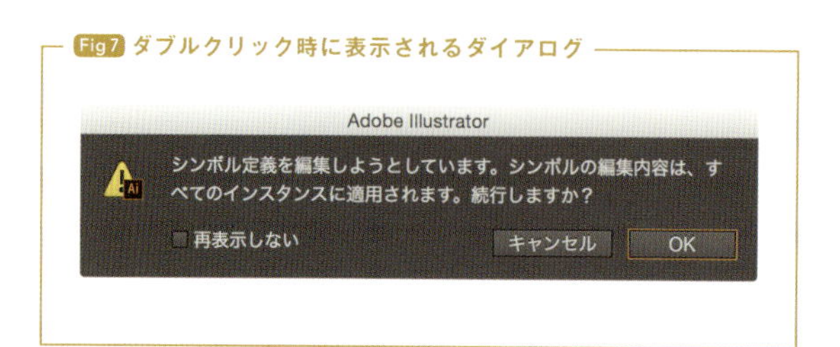

Fig8 シンボルの編集

便利なダイナミックシンボル

Illustrator CCでは、さらにダイナミックシンボルという機能があります。これは、シンボルの一部をダイレクト選択ツールで選択し、色やアピアランスを編集できる機能です。ダイナミックシンボルは、「元のシンボル」+「編集内容」として記憶されており、元のリンクを保ったまま、部分的な修正が可能です Fig9。

MEMO
ダイナミックシンボルはIllustrator CC2015から導入された新機能です。

Fig9 ダイナミックシンボルを利用した編集

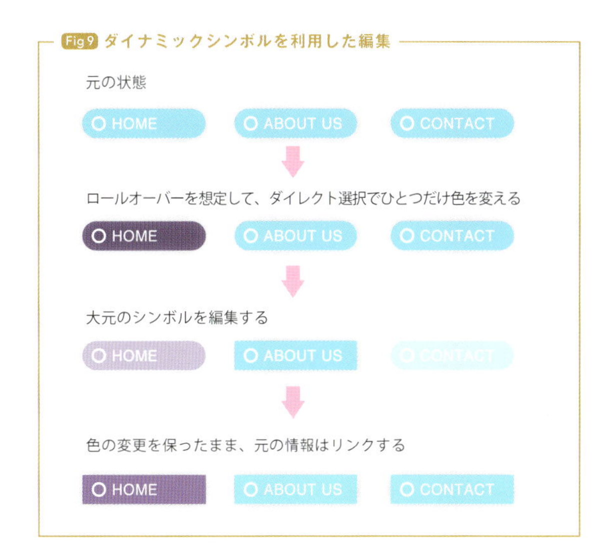

DESIGN RULE

083 素材の共有に便利なライブラリ機能

LEVEL

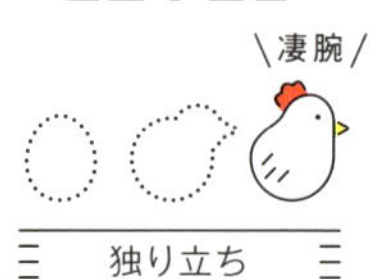

複数のアプリケーションを活用したり、複数人での共同作業行う際に便利なクラウド機能。Adobe CCから搭載されたこの便利な機能を使いこなしましょう。

Adobeのアプリケーション連動機能を活用

代表的なデザインツールであるPhotoshopやIllustratorを中心に、Adobeのアプリケーションはさまざまな連携機能を持っています Fig 1 。とくにAdobe CC以降はその機能が増えているので、これらを活用して作業の効率化を図っていきましょう。

Fig 1 IllustratorとPhotoShopで素材を共有

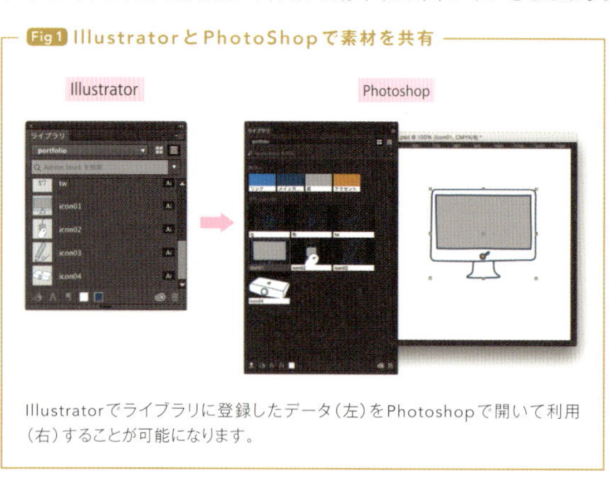

Illustratorでライブラリに登録したデータ（左）をPhotoshopで開いて利用（右）することが可能になります。

AdobeCCのライブラリは、簡単に言えばクラウド（インターネット上）に素材を保存して、さまざまなアプリケーション間で共有する機能です。これまで出てきた色（スウォッチ）、文字設定（文字スタイル・段落スタイル）、オブジェクト（シンボル）など、さまざまな素材を保存しておくことができます Fig 2 。

Fig 2

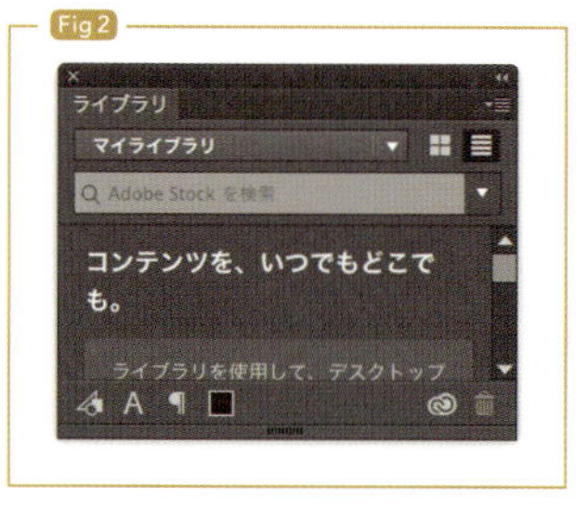

MEMO

Adobeのライブラリは、無料のAdobe Creative Cloudのアカウントさえあれば利用が可能です。なお、Adobeのモバイルアプリなど、ほかのツールとの連携もできますが、PhotoshopやIllustratorの利用自体は有償アカウントが必要となります。

POINT

- Adobe CCの新機能「ライブラリ」で素材をクラウド管理できる
- ライブラリの共有で色やアイコンの修正に対応
- アプリケーション間だけでなく、ほかの作業者とも素材を共有できる

ライブラリの使い方

まずは新規でライブラリのセットを作成します。ライブラリのセット名部分を開き、[+新規ライブラリ]から作成しましょう Fig3。ライブラリへの素材の登録は、基本的にパネル下部の新規追加用ボタンをクリックして行います。ボタンは素材の種類に応じて[グラフィックを追加]、[文字スタイルを追加]、[段落スタイルを追加]、[カラー(塗り)を追加]、[テキストカラー(塗り)を追加](テキスト選択時)が用意されています Fig4。

Fig 3

Fig 4

オブジェクトやシンボルの登録

グラフィックを追加する際は、アートボード上に配置しているオブジェクトを選択した状態で、[グラフィックを追加]をクリックします Fig5。また、このライブラリ機能はシンボルでも活用できます。シンボルをライブラリに追加する際は、通常のオブジェクトと同様に[グラフィックを追加]をクリックするか、またはライブラリパネルにドラッグ&ドロップします。

Fig 5

MEMO
ライブラリに登録されたシンボルは、元となったドキュメント(書類)のシンボルとの連携は切れてしまいます。

スウォッチ・文字スタイル・段落スタイルの登録

色（スウォッチ）Fig6や文字スタイル（段落スタイル）Fig7の登録は、各パネル内で登録したいスウォッチまたはスタイルを選択した状態でのマークをクリックすれば登録できます。

MEMO
スウォッチは単体のみではなく、スウォッチグループをまとめて登録することも可能です。

Fig6 スウォッチの登録

Fig7 文字スタイルの登録

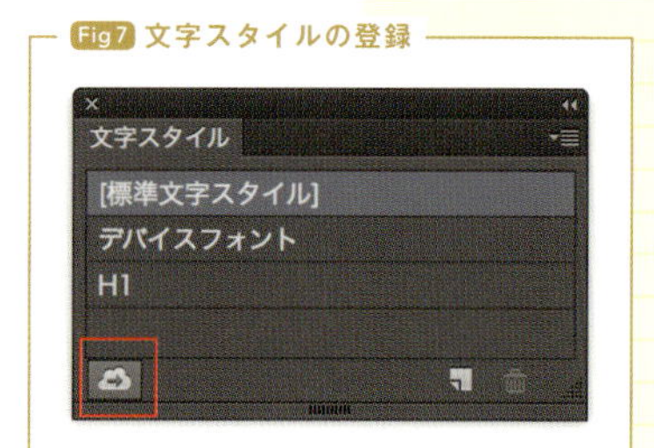

スウォッチに関しては、新規でスウォッチを作成したり、編集したりする際に表示するダイアログ内に［ライブラリに追加］のチェック項目があるので、カラー作成時にそのままライブラリ登録することも可能ですFig8。

Fig8 スウォッチオプションからライブラリに登録

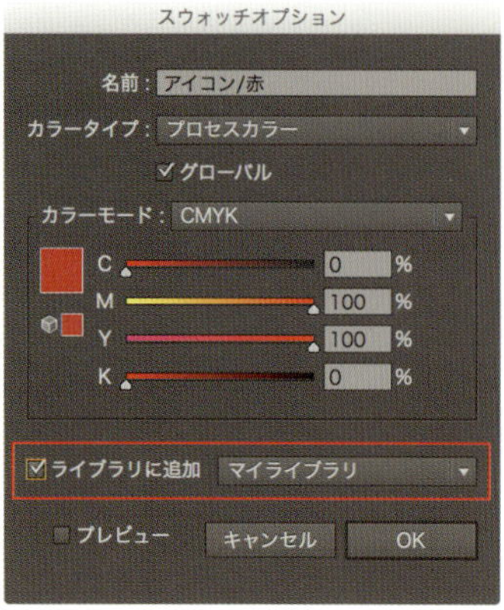

ライブラリを他のアプリケーションで使用

Illustratorで作成した素材をライブラリに登録すると、Photoshopなどで使用することができます。

グラフィック（オブジェクト）であれば、Photoshopでライブラリパネルを開いて使用したい箇所にドラッグします Fig9 。

また、文字や段落のスタイルの場合は目的の文字を、カラーの場合は目的のシェイプやカラー（塗り／線）を選択し、ライブラリ内の項目をクリックすることで同じ設定にできます Fig10 。

さらに、ライブラリのグラフィックは元データとリンクされているので、元となるデータを編集することで、自動的に修正内容が反映されます。

MEMO
カラーやスタイルは再編集した内容が適用されません。そのため、変更した場合はそのつど、新しい設定をクリックして適用しなおす必要があります。

Fig9 ライブラリ（グラフィック）の利用

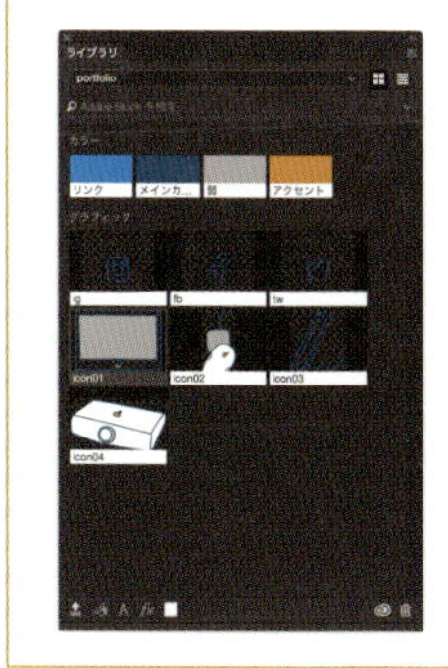

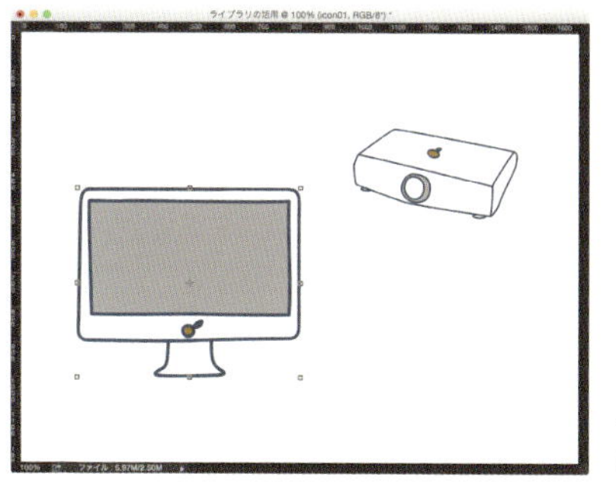

グラフィックはドラッグ&ドロップで配置できます。

Fig10 ライブラリ（スタイル）の利用

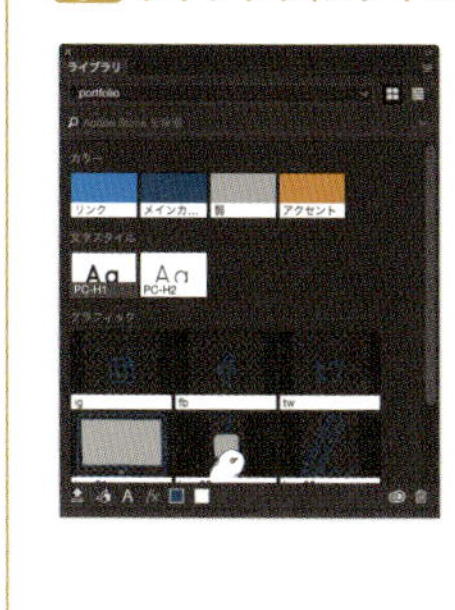

スタイルの場合は、目的の文字を選択した状態でライブラリパネルのスタイルをクリックして適用します。

ライブラリの編集と管理

ライブラリに登録したそれぞれのパーツは、使用しているドキュメント（書類）上ではなく、ライブラリパネルから管理します。内容を編集したい場合は、編集したいカラーかグラフィックをライブラリパネル内でダブルクリックすると、編集用のダイアログ、またはオブジェクトが別ドキュメントとして開きます Fig11。

注意
文字スタイル、段落スタイルについては、ライブラリから編集することができません。一度削除して、新規で登録しなおす必要があります。

Fig11 登録カラーを変更する手順

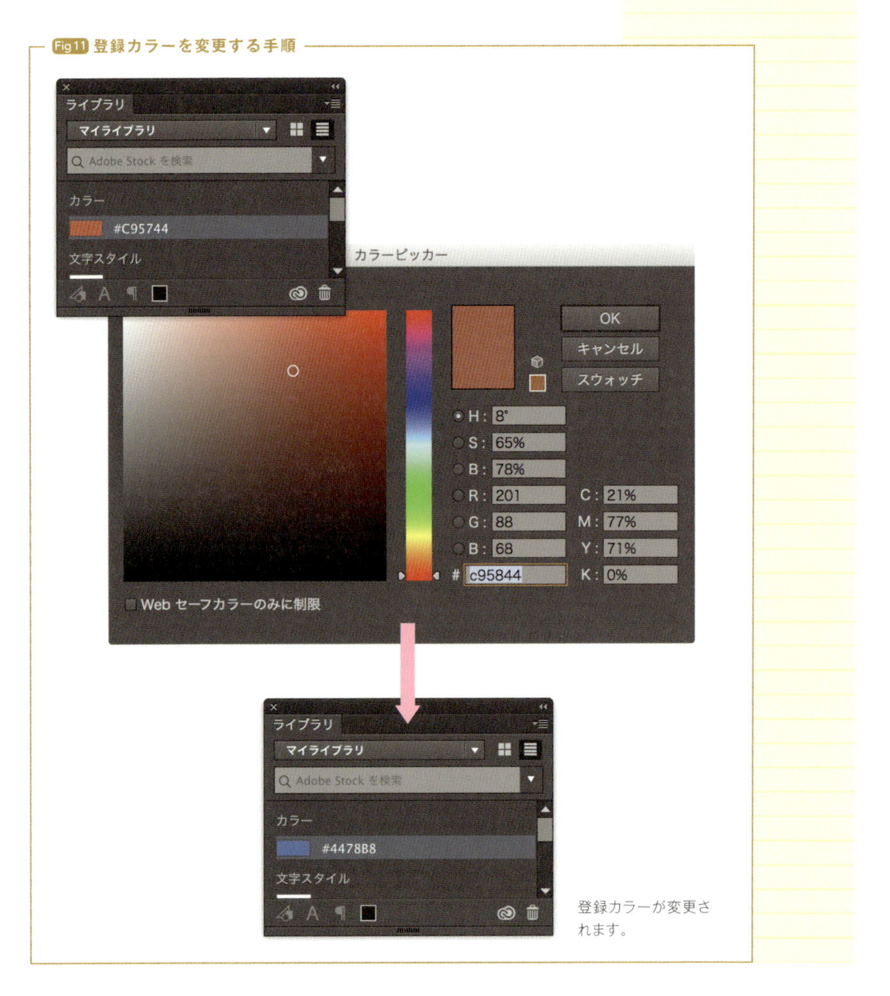

登録カラーが変更されます。

ライブラリの共有

作成したライブラリは、パネルのメニューから[共同利用]または[リンクを共有]からURLをコピーして共有したい相手に送信することで、ほかの作業者と同じ素材を利用・編集することができますFig12。

複数人でデータを作成する場合や、コーディングに利用する素材などを共有しておけば、色の指定やアイコンなどの特定のパーツの修正にも、簡単に対応できるようになります。

Fig12 ライブラリの共有手順

共同作業者にリンクをメールで送信することで、メールに記載されたURLにアクセスするとライブラリが利用可能になります。

DESIGN RULE

084 IllustratorのCSSプロパティパネルで簡単CSS指定

LEVEL

＼凄腕／

独り立ち

Illustratorなのに CSS？ と考える人もいるかもしれません。これまではレイアウト、イラスト、紙のデザイン用だと言われていたIllustratorも、Webデザインにあわせて進化しています。

デザインをCSSで確認できるCSSプロパティ

Illustratorで Webデザインを行う機会が増えている背景には、CSSで角丸やシャドウの指定が簡単に行えるようになった点が大きく影響しています。Adobeもその流れを汲み、Illustratorのオブジェクトからそのまま CSSの指定を書き出す機能を追加しているので活用してみましょう。

Illustratorのメニューから、[ウィンドウ]→[CSSプロパティ]を選択して、CSSプロパティパネルを開きます。オブジェクトを選んだ状態でCSSプロパティパネルを確認すると、オブジェクトの塗り（background）、線（border）、角丸（border-radius）、シャドウ（ box-shadow）など、さまざま指定が自動的に表示されます Fig1。

Fig1 IllustratorにおけるCSSプロパティの表示

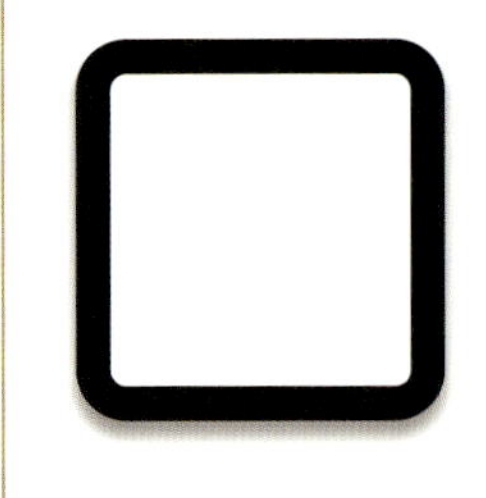

CSS プロパティ

```
.st0
{
  background : #FFFFFF;
  background : rgba(255, 255, 255, 1);
  border-style : Solid;
  border-color : #000000;
  border-color : rgba(0, 0, 0, 1);
  border-width : 10px;
  position : absolute ;
  left : 0px;
  top : 0px;
  width : 100px;
  height : 100px;
  border-radius : 10px;
  box-shadow : 0px 4px 2px rgba(0, 0,
0, 0.3);
}
```

MEMO
CSSプロパティパネルはCC以降の新機能です。ただし、CCに搭載されている機能は角丸処理のコードなどで不具合が存在します。

MEMO
CSSのclass命名や、セレクタ、プロパティといった規則などに詳しくない場合でも、色や線など、基本的な指示方法を知るだけで、コーディング担当者との連携は格段にスムーズになります。

MEMO
CSSで表現できる装飾についてはP054を参照してください。

POINT

- CSSプロパティパネルでデザイナーでも簡単にCSSが確認できる
- グラデーションやドロップシャドウもCSSコード化できる
- CSSコードをコピーしてコーディングマニュアルに転載

表示する内容は、パネル下部にある[書き出しオプション]をクリックするか、右上のオプションメニューを開いて[CSS書き出しオプション]を選択すれば、細かく設定ができます Fig2。

Fig2 CSS書き出しオプション

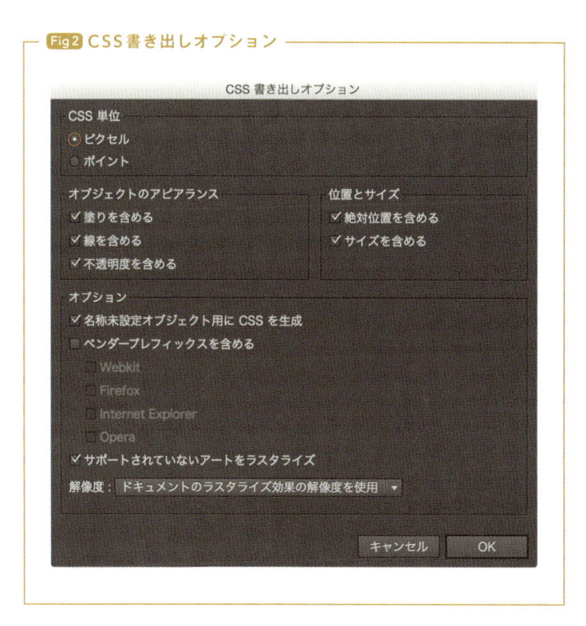

デザインにあわせたシャドウや角丸などを、ミスのないように指示するためにも、CSSパネルを活用してコーディング用マニュアルを用意するようにしましょう。

注意
CSS書き出しオプションのダイアログで[名称未設定オブジェクト用にCSSを生成]にチェックが入っていない状態では、オブジェクトを描画しただけではCSSは生成されません。この場合はレイヤーパネルでオブジェクトに名前をつける必要があります。

MEMO
コーディング用デザインマニュアルについてはP214を参照してください。

コーディング用デザインマニュアル例

本書で使用しているサンプルサイトのPCとスマートフォンそれぞれのトップページのデザインマニュアルを掲載します。あくまでもサンプルですので、必ずしもこのように記載しなければいけないわけではありません。

① フォント・カラー・構成等

デザインマニュアル、およびP219に掲載しているWebデザインデータチェックシートは下記 URLよりPDF形式でダウンロードできます。

http://dl.mdn.co.jp/3215203014/

② PCサイト用マニュアル

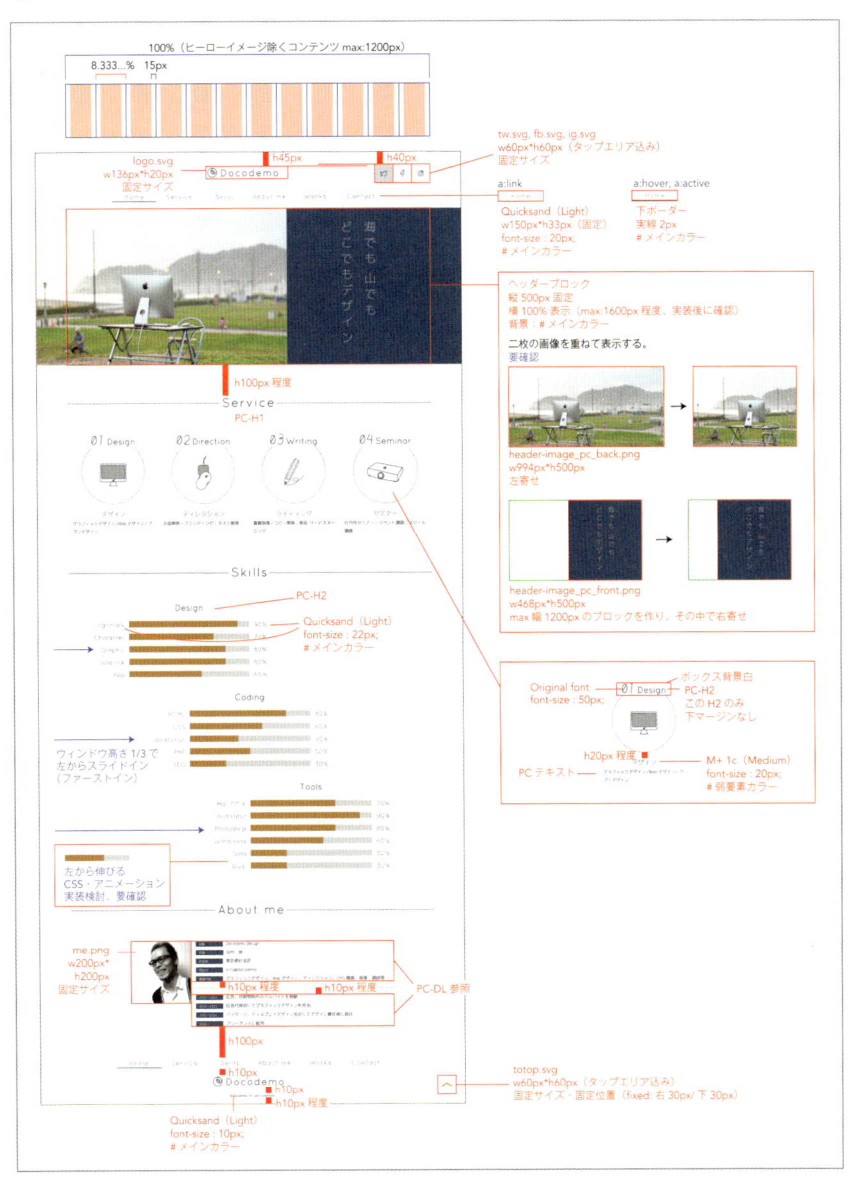

③ スマートフォンサイト用マニュアル

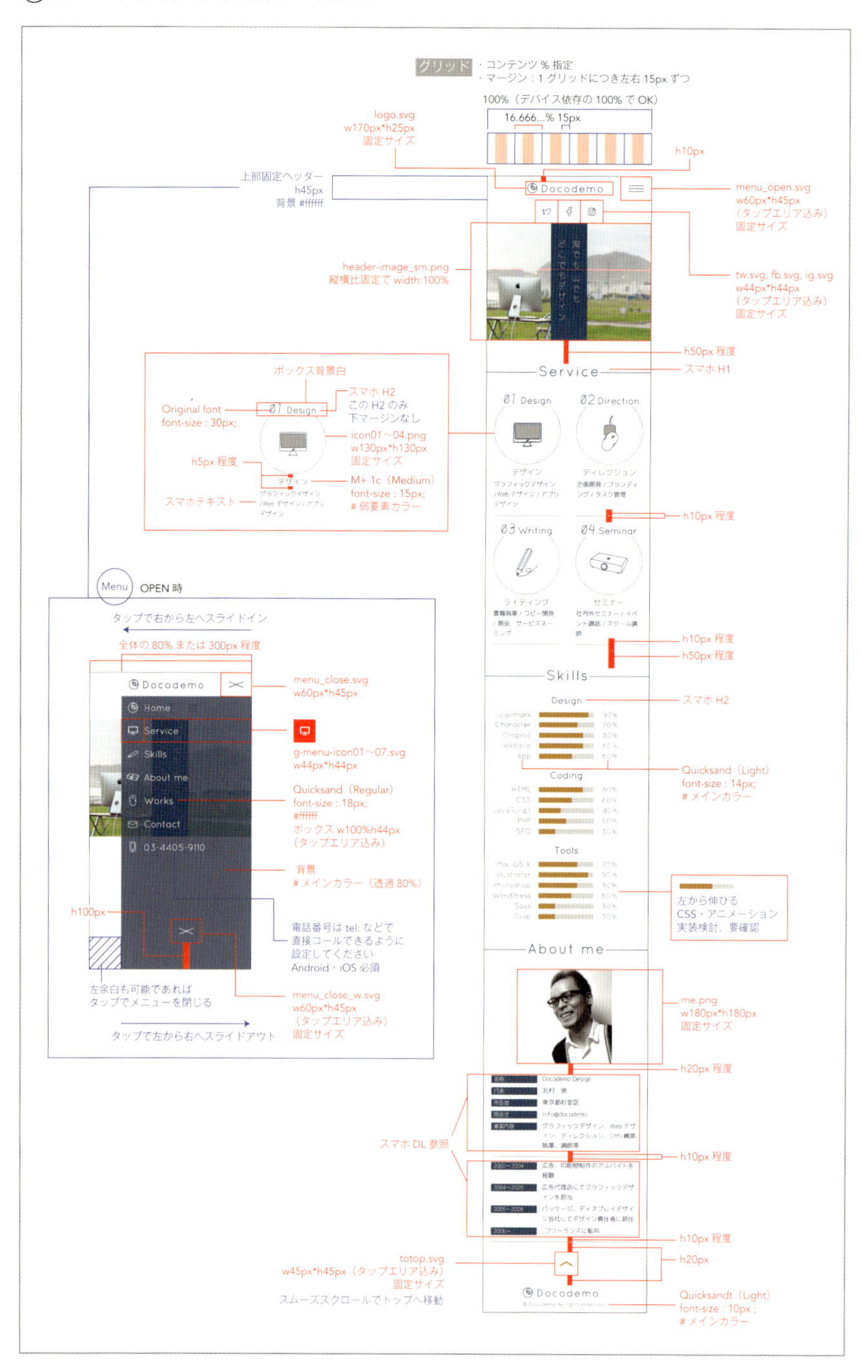

Photoshop&IllustratorにおけるWeb用機能の対応バージョン

本書で紹介しているPhotoshop、IllustratorのWeb向け機能の対応バージョン一覧表です。作業環境を選ぶ際の参考にしましょう。

PhotoshopCCの新機能の一例	対応バージョン	本書で紹介しているルール No.
新規ガイドレイアウト	CC2015以降	037
レイヤースタイルの複数掛け	CC2015以降	041,066
「アセット(生成)」の強化	CC以降	043,048,069,070
リンクを配置	CC2014以降	052,067,068
レイヤーの検索	CS6以降	053,058,059
アートボードツール	CC2015以降	040,068,073,074
デザインスペース	CC2015以降	—
段落スタイル/文字スタイル	CS6以降	065
属性パネル(ライブシェイプ)の強化	CC2014以降	062
CSSの抽出	CS6以降	069,071
IllustratorCCの新機能の一例		
新しいSVG書き出しオプション	CC2015以降	—
ライブシェイプ・ライブコーナーの強化	CC2014以降	080
CSSの抽出	CC以降	084
ファイルの復元	CS6以降	—
ダイナミックシンボル	CC2015以降	082
モバイルアプリとの連携	CC2014以降	—
IllustratorとPhotoshop共通		
「ライブラリ」による連携強化	CC2015以降	057,068,083

画像アセットのレイヤー名のルール

P166で解説しているアセット機能を利用する際に役立つ、レイヤー名と書き出されるファイルの関係を示した表をご紹介します。

	レイヤー名	結果	asettes フォルダ内の画像ファイル名
×	イメージ	拡張子なしは書き出されない	—
	image	拡張子なしは書き出されない	—
△	イメージ .jpg	jpgで書き出し(拡張子があれば和文も可)	イメージ .jpg
拡張子	image.gif	gifで書き出し	image.gif
	image.png	pngで書き出し	image.png
	image.jpg	jpgで書き出し(jpegでも可)	image.jpg
	image.svg	svgファイルで書き出し(SVGに適さないデータの場合はエラー)	image.svg
サイズ	200% image.jpg	2倍サイズのjpgとして書き出し(*1)	image.jpg
	300 x 200 image.jpg	300pixel×200pixelのjpgとして書き出し。pixelは省略可、サイズとレイヤー名の間に半角スペース(*2)	image.jpg
画質(jpg)	image.jpg50%	画質50%で書き出し(1%～100%まで対応)(*3)	image.jpg
	image.jpg5	画質50%で書き出し(1～10段階まで対応)(*4)	image.jpg
画質(png)	image.png8	PNG-8形式で書き出し。8、24、32(bit)各種対応	image.png
複数書き出し	image.jpg,image2.jpg	1つのレイヤーから2つの画像を書き出し。カンマで区切ることで複数ファイル書き出しが可能	image.jpg image2.jpg
	200% image.jpg,image.jpg	1つだけ書き出される(先頭)。重複の場合同一ファイル名は1つのみ	image.jpg
	200% image1.jpg,image2.jpg	1つのレイヤーから2つの画像を書き出し(サイズ違い)。1は2倍の大きさ、2は原寸	image1.jpg image2.jpg

*1：%の後の半角スペースの有無は不問
*2：数字の半角スペースは必要(300x200image.jpgはNG)
*3：数字の前に半角スペースは入れない(image.jpg 50%はNG)
*4：数字の前に半角スペースは入れない(image.jpg 5はNG)

注1：gifには画質パラメーターは存在しません。
注2：上記は検証済みの結果ですが、ユーザー環境や製品の仕様変更などにより変わる可能性があります。
詳しくはAdobeヘルプをご参照ください。
参照URL：https://helpx.adobe.com/jp/photoshop/using/generate-assets-layers.html
※表に掲載している情報はPhotoshop CC2015にもとづいています

Webデザインデータチェックシート

デザインデータを作成し終えた際、本書で解説しているポイントが踏まえられているかをチェックできるシートを準備しました。納品前のチェック時にご活用ください。

No	優先度	チェック項目	対応ルール No.	チェック
1	高	ボタンサイズは44px以上ある	005	□
2	中	PC表示のタップは対応するか	006	□
3	低	リキッド画像の指定は確認済みか	009	□
4	低	Retinaディスプレイ用素材の準備	011	□
5	低	SNS設置ルールの確認	012	□
6	高	使用フォントはデバイス依存か	015	□
7	高	太字文字加工などはしていないか	016	□
8	低	使用するWebフォントやアイコンフォントの指定はあるか	017	□
9	低	最小文字は10px以上になっているか	018	□
10	高	フリー素材やフォントなどのライセンスのチェック	020	□
11	高	ロールオーバーがわかるようになっているか	022	□
12	低	スマホの向きの指定	026	□
13	高	対応ブラウザ・OS・デバイスの確認	027	□
14	低	スマホのピンチイン指定	028	□
15	低	画像の属性指定	029	□
16	高	固定サイズはすべて整数になっているか	034	□
17	低	使用する色やグラデーションの指定	036	□
18	中	余分なガイドの削除	037	□
19	低	テキスト部分をアウトライン・ラスタライズしていないか	038	□
20	低	Photoshopのスマートオブジェクトなどが複数階層になっていないか	039	□
21	中	レイヤーは要素やブロックごとにまとめているか	040	□
22	高	乗算などのレイヤー効果を使っていないか	041	□
23	低	見た目で字切り改行などを入れていないか	042	□
24	低	画像や素材に無駄な余白はないか	043	□
25	低	不要なレイヤーやオブジェクトの削除	044	□
26	低	アニメーションの指示やサンプルの指定	046	□
27	中	修正・変更点は明確にする	048	□
28	中	ファビコン、アプリアイコン、OGP素材の準備	051	□
29	中	Photoshopのレイヤー名は適切か	053	□
30	低	必要なHTMLエレメントは用意しているか	054	□
31	低	わかりにくい画像は事前に書き出しておく	069,070,071	□
32	中	Illustratorの合成フォントは詳細を指示してあるか	077	□
33	中	Illustratorのアートボードの設定は整数になっているか	P201 COLUMN	□
34	高	納品先と作業元のアプリケーションのバージョン	P217	□

INDEX

[数字・アルファベット]

数字

960 Grid System 094

A

Adobe RGB 138
alt属性 072
Amana Images 052
animationプロパティ 055

B

Bootstrap 018
border-radiusプロパティ 054
border-widthプロパティ 054
box-shadowプロパティ 055

C

Chrome/(un)clrd 075
clipプロパティ 055
CMS 082
CMYK 028, 138
Color Tester 077
CSS 014
CSSフレームワーク 018
CSSプロパティパネル(Illustrator) 212
CSSをコピー 165, 170

D

description 072

F

Facebook Developers 036
Facebookボタン 036
FavIcon Generator 124
favicon.ico 124
filterプロパティ 054
Fireworks 017
Font Awesome 062
FontForge 190
FONTPLUS 047
font-smoothingプロパティ 041
Foundatipn 018
Foundation Icon Font3 062

G

Genericons 062
Genymotion 069
Gliyphs 190
Google Web Fonts 047
Googleディスプレイネットワーク 176

H

hdpi 034
HTML 014
HTMLエレメント 130

I

IcoMoon 062, 189
Illustrator 016
iOSヒューマンインターフェイスガイドライン(Apple) 023

J

JavaScript 014

L

Lorem ipsum 157

M

Material UI 018
MaterialDesign(Google) 023
mdpi 034
meta要素 072

O

OGP 124
OGP画像シミュレーター 125
opacityプロパティ 055

P

Photoshop 016
Pixelapse 119
PIXTA 052
PointFont 190
ppi 026
psb形式 098
pt（ポイント） 027
Pure 018

R

remote testkit 069
Retina 034
RGB 028, 138

S

Skeleton 018
Sketch 017
sRGB 138
Stackicons 065
SVG 182, 201

T

text-shadowプロパティ 055
title要素 072
transformプロパティ 049, 055
transitionプロパティ 055
TTEdit 190
tvdi 034
Twitter開発者向けリソース 036
Twitterボタン 036
TypeSquare 047

U

UI（ユーザー・インターフェース） 012
Uikit 018
Unicode（ユニコード） 190
UX（ユーザー・エクスペリエンス） 013

V

viewport 071

W

WEBFONT GENERATOR 191
Webアイコンフォント 062
Webセーフカラー 029
Webフォント 046, 188
WordPress 110

Y

Yahoo!ディスプレイアドネットワーク 176

［五十音順］

ア

アートボードツール 101, 163, 172, 176, 195
アウトライン化 096
アセットを抽出 166
アタリ画像 126
アピアランス 102
アプリアイコン 124
アンチエイリアス 040
インブラウザ・デザイン 018, 078
打ち消し線 045
エッジを整列 155

カ

画像アセット（生成） 101, 143, 164, 166
角版 149
カラー・コントラスト・アナライザー 2013J 077

カラーオーバーレイ 158
カラーコード 029
クロスブラウザ 048, 092
グリッドシステム 038
結合（レイヤー） 100
合成フォント 186
孤立点 108

サ

シェイプ 146, 148
字切り 104
シームレスパターン（リピート画像） 088, 169
シンボル 202
スウォッチ 090, 141, 184
スクエア型ディスプレイ 032
スマートオブジェクト 098, 160, 162, 176
スマートフィルター 161
スモールキャップス 044
スライス 106, 165, 168
スワイプ 024
線の整列タイプ 153

タ

ダイナミックシンボル 205
タップ 024
タップエリア 022
段落スタイル 156, 192
デザインガイドライン 023
デザインカンプ 018
デバイステキスト 056
デベロッパーモード 069
統合（レイヤー） 100

ハ

パララックス 112
ヒーローイメージ 088
ピクセル（pixel） 026
ピクセルにスナップ 155
ピクセルパーフェクト 038
ピンチアウト 024, 070
ピンチイン 024, 070
ファビコン 124
フルードイメージ 030
フラットデザイン 195
ベクターデータ 016

マ

マスク（クリッピングマスク） 149
マテリアルデザイン 195
丸版 149
モーダルウィンドウ 056, 146
文字スタイル 156, 192

ヤ

ユーザーエージェント 014

ラ

ライツマネージド 052
ライブシェイプ 150, 196
ライブラリ（Adobe） 162, 206
ラスターイメージ（データ） 016, 160
ラスタライズ 096
リキッド画像 030
リンクを配置 126, 160
レイヤーグループ 140, 144, 166
レイヤースタイル 093, 102, 108, 158
レスポンシブWebデザイン 058
レスポンシブイメージ 031
ロイヤリティーフリー 052
ロールオーバー（hover） 056, 146

ワ

ワイド型ディスプレイ 032
ワン（1）カラム 088

著者プロフィール

北村 崇[きたむら・たかし]

フリーランスデザイナー。1976年生まれ。神奈川県秦野市出身。工学部を卒業後、20代半ばまでデザインとは無縁の生活をおくるが、20代後半でデザインの世界に飛び込む。複数の制作会社を経て2006年にTIMINGとして独立。
ロゴマークや印刷物などのグラフィックデザイン全般から、Webデザイン、CMS構築などWebディレクター・デザイナーとしても活動。また請負業や講師業の傍ら、コミュニティ活動にも積極的に参加している。
著書に『ゼロからはじめるデザイン』(SBクリエイティブ)、『ビジネスサイト制作で学ぶ WordPress「テーマカスタマイズ」徹底攻略』(共著・マイナビ)などがある。

[Web] TIMING DESIGN OFFICE　http://timing.jp/
[Twitter] @tah_timing
[Instagram] tah_timing

浅野 桜[あさの・さくら]

株式会社タガス 代表取締役。自由学園最高学部卒業。印刷会社や化粧品メーカーにてグラフィックとWeb両方のデザイナーを経験。
その後、「つなぐをつくる、つくるをつなぐ。」を企業理念に株式会社タガスを設立。現在、モノと人、人とデザインの箍(タガ)になれるよう精進の毎日を過ごす。
中小企業の販売促進の企画立案&制作全般を手がけつつ、「Adobe Creative Station」(アドビ)での初心者向け記事や書籍『神速Photoshop[グラフィックデザイン編]』(共著・KADOKAWA)などを執筆。デザインアプリケーションの便利な使い方を紹介している。

[Web] http://www.tagas.co.jp
[Twitter] @chaca21911

掲載サンプルサイトの使用画像

○PAKUTASO(ぱくたそ)/ フリー写真素材
https://www.pakutaso.com
使用画像:YOSX9838

○PIXTA
https://pixta.jp
使用画像:4432001／10876310／13320877／15463750／16722729／16722806／16845268／16931729／17759869／17888253／17943546／19065407／19176983／19259794

制作スタッフ
[装丁・本文デザイン] 田中聖子(MdN Design)
[編集] 小関匡(株式会社三馬力)
[DTP] 佐藤理樹(アルファデザイン)、関直美(Lyrica Design Company)
[協力] 箱石奈津美、牧野由紀子、村上良日(鰯屋 http://www.iwashi.org/)
[担当編集] 後藤孝太郎

Webデザイン必携。
プロにまなぶ現場の制作ルール84

2016年4月1日　初版第1刷発行
2017年5月1日　初版第2刷発行

著　者　北村 崇、浅野 桜
発行人　藤岡功
発　行　株式会社エムディエヌコーポレーション
〒101-0051東京都千代田区神田神保町一丁目105番地
http://www.MdN.co.jp/
発　売　株式会社インプレス
〒101-0051東京都千代田区神田神保町一丁目105番地

印刷・製本　日経印刷株式会社

定価はカバーに表示してあります。

【カスタマーセンター】
造本には万全を期しておりますが、万一、落丁・乱丁などがございましたら、送料小社負担にてお取り替えいたします。お手数ですが、カスタマーセンターまでご返送ください。

●落丁・乱丁本などのご返送先
〒101-0051　東京都千代田区神田神保町一丁目105番地
株式会社エムディエヌコーポレーション カスタマーセンター　TEL:03-4334-2915

●書店・販売店のご注文受付
株式会社インプレス　受注センター　TEL:048-449-8040／FAX:048-449-8041

● 本書の内容についてのお問い合わせ先

株式会社エムディエヌコーポレーション カスタマーセンター メール窓口
info@MdN.co.jp

本書の内容に関するご質問は、Eメールのみの受付となります。メールの件名は「Webデザイン必携。　プロにまなぶ現場の制作ルール84　質問係」とご明記ください。電話やFAX、郵便でのご質問にはお答えできません。ご質問の内容によりましては、しばらくお時間をいただく場合がございます。また、本書の範囲を超えるご質問やお客様のサイトに関するご相談につきましてはお答えいたしかねますので、あらかじめご了承ください。

ISBN978-4-8443-6574-7 C3055